智能化作战指挥决策

王凤春　著

電子工業出版社
Publishing House of Electronics Industry
北京·BEIJING

内 容 简 介

本书以作战指挥决策作为切入点，着眼未来智能化作战指挥决策理论与方法创新，全面阐述人工智能技术体系对作战指挥决策问题产生的深刻影响，重点从系统科学的角度对作战指挥决策系统的基本要素及运行机理进行研究论证，并立足于智能时代的特殊技术背景，对作战指挥决策范式和作战指挥决策理念进行系统分析，帮助读者提升作战指挥决策思维、改进作战指挥决策效能。

图书在版编目（CIP）数据

智能化作战指挥决策 / 王凤春著. —北京：电子工业出版社，2023.3
ISBN 978-7-121-45137-9

Ⅰ. ①智…　Ⅱ. ①王…　Ⅲ. ①人工智能－应用－作战指挥－研究　Ⅳ. ①E94

中国国家版本馆 CIP 数据核字（2023）第 056546 号

责任编辑：张正梅　　特约编辑：韩国兴
印　　刷：北京建宏印刷有限公司
装　　订：北京建宏印刷有限公司
出版发行：电子工业出版社
　　　　　北京市海淀区万寿路 173 信箱　邮编：100036
开　　本：720×1 000　1/16　印张：10.75　字数：170 千字
版　　次：2023 年 3 月第 1 版
印　　次：2025 年 3 月第 4 次印刷
定　　价：89.00 元

凡所购买电子工业出版社图书有缺损问题，请向购买书店调换。若书店售缺，请与本社发行部联系，联系及邮购电话：（010）88254888，88258888。

质量投诉请发邮件至 zlts@phei.com.cn，盗版侵权举报请发邮件至 dbqq@phei.com.cn。

本书咨询联系方式：zhangzm@phei.com.cn。

前言

决策，是人类长久以来的历史实践，也是作战指挥的核心职能。近年来，关于智能化作战的专题研究已经全面铺开、层层推进，但对于智能化作战指挥决策的研究相对较少，关于化解作战指挥决策危机的针对性、可操作性研究则更少。探索、掌握、运用作战指挥决策机理是作战指挥理论体系亟待拓展和深化的难题，也是我军提升打赢智能化战争作战指挥能力的重要突破口，更是研战、谋战、胜战的必然要求。智能时代呼啸而来，战争形态深度演变。信息过度膨胀、不确定性因素骤增、人类的自然缺陷及不完全理性，都是造成作战指挥决策困境的根本原因。本书所研究的不是某一层级的作战指挥决策问题，而是将作战指挥决策活动抽象化的决策理论；不是特定作战样式下的具体作战指挥决策方法，而是分析作战指挥决策系统的结构要素，揭示作战指挥决策系统的一般性运行机理，从根本上提高作战指挥决策效能。在对作战指挥决策理论、方法、应用进行综述的基础上，全文围绕智能化作战指挥决策这一中心问题展开研究论述。

本书以推动作战指挥决策智能化的变革动因为逻辑起点，回答了“为什么要研究智能化作战指挥决策？”“什么是智能化？”“什么是智能化作战指挥决策？”“智能化作战指挥决策的特征有哪些？”等问题。本书以智能化作战指挥决策的内在本质为依据，分析智能化作战指挥决策在生成机理、动力引擎、自主能力等方面的典型特征；以揭示作战指挥决策基本要素和系统运行机理为重点，综合运用系统法、模型法、解析法等多种方法，论证人工智能因子在作战指挥决策要素及系统中发挥的重要作用；以智能化作战指挥决策系统运行机理为理论基石，创造性地提出以人工智能技术为支撑的智能化作战指挥决策的一般流程。着眼于作战指挥决策活动所特有的认知较量问题，提出了一种基于人工智能的破界升级决策范式，以提升在时间域、空间域、认知域交叉螺旋形态下的作战指挥决策能力；最后，以人工智能“三驾马车”为技术条件，提出数据为本、算法主导、超前预置、灰度弹性等全新的、科学的作战指挥决策理念。

本书作者在撰写过程中参考和引用了许多从事作战指挥理论、管理与决策理论研究的专家学者的部分成果，正是因为这些专家学者所奠定的理论基础，本书作者才能对作战指挥决策问题理解得更透彻、研究得更深入。在此向各位专家学者表示诚挚的感谢！同时，本书作者在两年的撰写过程中，得到了陆军指挥学院黄建明教授、姚春青教授的倾力指导和帮助。两位教授是作者展开作战指挥基础理论研究的导师和引路人，谨在此向两位导师表示由衷的敬意与感谢！

最后，希望本书能为推动智能化作战指挥决策在军事领域的实际应用提供些许参考，贡献绵薄之力。

王凤春

2022 年 10 月

目录

第 1 章　绪论 ··· 1

1.1　智能化作战指挥决策的研究背景 ··· 3

1.2　加强智能化作战指挥决策研究的目的与意义 ··· 4

1.3　智能化作战指挥决策研究现状 ··· 7

1.4　研究智能化作战指挥决策的思路与方法 ··· 30

本章小结 ··· 32

第 2 章　智能化作战指挥决策的内涵要义 ··· 33

2.1　智能的概念与本质 ··· 33

2.2　智能化的内涵智能化作战指挥决策的要义 ··· 37

2.3　作战指挥决策智能化变革的动因分析 ··· 39

本章小结 ··· 47

第 3 章　智能化作战指挥决策的典型特征 ··· 48

3.1　基于“信息—知识—策略”的生成机理 ··· 48

3.2　基于数据、算法、算力的决策动力 ··· 52

3.3　具有定性与定量科学方法的双重优势 ··· 56

3.4　以高度自组织为表征的全新系统框架 ··· 58

3.5　全新范式推动作战指挥决策效能全面提升 ··· 64

本章小结 ··· 69

第 4 章　智能化作战指挥决策构成要素 ······ 70
4.1　智能化作战指挥决策要素的构成 ······ 70
4.2　作战指挥决策四要素的智能化跃迁 ······ 75
本章小结 ······ 82
第 5 章　智能化作战指挥决策系统的运行机理 ······ 83
5.1　系统动力学基本理论 ······ 83
5.2　智能化作战指挥决策系统的指标体系 ······ 88
5.3　决策四要素与系统效能关系分析 ······ 90
5.4　对抗条件下作战指挥决策系统 SD 模型的构建 ······ 92
5.5　决策系统效能仿真与结果分析 ······ 95
本章小结 ······ 100
第 6 章　智能化作战指挥决策的基本流程 ······ 101
6.1　智能化作战指挥决策的“四步法” ······ 101
6.2　智谋一体确定决策目标 ······ 102
6.3　智能关联研判“三情” ······ 108
6.4　自主生成作战方案 ······ 113
6.5　虚实平行优化方案 ······ 115
本章小结 ······ 118
第 7 章　智能化作战指挥决策范式——人机互信破界升维 ······ 119
7.1　作战指挥决策范式革新的底层逻辑 ······ 119
7.2　智能化作战指挥决策人机互信的充分必要性 ······ 122
7.3　智能化作战指挥决策认知破界升维的客观必然性 ······ 127
本章小结 ······ 130
第 8 章　树立智能化作战指挥决策理念 ······ 131
8.1　数据为本理念 ······ 131
8.2　算法主导理念 ······ 136
8.3　超前预置理念 ······ 139
8.4　灰度弹性理念 ······ 142
本章小结 ······ 151

第 9 章　总结与展望……152
9.1　本书主要结论……152
9.2　本书主要创新点……153
9.3　尚待研究的问题……154
参考文献……156

第1章 绪论

决策是一个既古老又新兴的科学，也是一个既抽象又具体的课题。辩证地看，走向战争本身就是一种决策。作为解决冲突的最后手段，战争是最残酷的博弈，两军对垒、必争高下，一招失误、全盘皆输，决策乃兵之大事、国之大计。决策是作战指挥活动中最核心的职能，也是指挥员的首要职责；决策能力既是评判指挥员技术水平的重要指标，也是影响战争结果的关键因素。

决策是科学的指导。《孙子兵法》讲“谋定而后动”，“多算胜，少算不胜”，决策不是“拍脑袋”，也不是“灵光一现”“计上心来”，而是深入地研究探索、分析推理、谋划决断。决策既是科学的指导，也是指导的科学。当年面对日寇侵略，全中国人民都在渴望战争的胜利，但大多数人回答不了“能胜利还是不能胜利？”“能速胜还是不能速胜？”等问题，亡国论、速胜论都“跑出来”了，只有毛泽东的《论持久战》准确地回答并论述了这些问题。解放战争伊始，蒋介石企图将中共中央围歼在陕北，胡宗南集团二十三万重兵压境，我西北野战军仅两万余人，在彭德怀的指挥下，坚持内线作战，诱敌深入，牵制并削弱敌人，创造了“三战三捷”的光辉战例，以陕北一隅的巨大压力换来了其他战场的主动。在朝鲜战争第二次战役时，中共中央军委和志愿军首长断定麦克阿瑟仍不知我军底细，必定组织再次进攻，向北冒进，遂采取以逸待劳、诱敌深入的战役方针，发挥运动战、阵地战、游击战相结合的优势，大胆迂回穿插，于东西两线分别撕开缺口，断敌退路后合围痛歼，将“联合国军”从鸭绿江边打回三八线，扭转了朝鲜战局。许多历史经验告诉我们，实施科学决策是避免盲目行动的重要前提，也是赢得战争胜利的根本。

决策是实践的艺术。决策是决策主体与决策对象不断运动、不断变化和发展的过程，是根据自身所处的环境条件和所获取的信息制订未来实践方向、目标、方法、手段的过程。决策过程是思维的过程，也是实践的过程。秦赵长平之战，赵括自诩熟读兵书、理论知识丰富，毛遂自荐说服赵王改用自己为将，统率四十万大军杀入长平谷地，终被秦军包围，殒命沙场。锦州战役中，国民党东北剿总副司令兼锦州指挥所主任范汉杰亲自拟制了一份“东北作战方略”，准备在锦州与我军打一场大决战。孰不知，此“方略”与我军中央战略不谋而合，自信满满的范汉杰忽视了我军战力的变化，忽视了国民党内部的派系之争，想当然地寄希望于沈阳卫立煌与华北傅作义的协助。在他的指挥下，国民党最终只坚持了 31 小时便被解放军攻克。实践表明，决策者不但要将理论研究烂熟于胸，也要避免对理论的形而上学的理解和机械的套用。战争胜利的关键不是选择由谁来做决策，而是看决策者能否把握事物变化规律、知晓制胜机理、运用科学方法。

从时代进程来透视战争，人工智能技术正在颠覆战争形态。国家“十四五”战略规划指出，以数据、智能为核心的新技术将成为“十四五”时期触发深刻军事变革的主引擎，[1]数年来“蓄势待发”的军事科技革命将实现由“势”到“发”的转变，作战体系将实现由信息化向智能化转变，我们未来要面对的是智能化战争。如果用一个词语来形容智能化战争的特点，唯有“模糊”最为恰当，时空模糊、手段模糊、极限模糊、风险模糊。在一切皆模糊的战争条件下，我们可以在更大范围内选择更有效的手段，同时，也必将使自己在同样范围内受到这些手段的威胁。能否提前预测战争的风险，做好击溃强敌的准备，需要有创见的军事理论先行。军事理论历来是军队建设得以健康发展的必要条件；科学技术是军事发展最活跃、最具革命性的因素，已成为核心战斗力。[2]谁能够用先进的军事理论指引新军事技术与军队组织形态创新结合，催生新质战斗力，谁就能在战场上呈现“范式转移”，颠覆战争游戏规则，从而占据主动、锁定胜局。

试想，如果你是指挥员，交战对手是猛兽，你将如何把它关到笼子里？如何以最小的风险、最小的支出、最小的人员伤亡来换取己方安全、领土安全，乃至国家安全？故而，未来的智能化作战，作战指挥决策问题应是新时代军事指挥员必须思考和研究的问题。

1.1　智能化作战指挥决策的研究背景

无疑，人类是具备智能的，从古至今的作战指挥决策问题，都是由人来主导和完成的。为什么有了人类智能，人们还要研究和发展智能化作战指挥决策？也许，从法国科技哲学家贝尔纳·斯蒂格勒的一句话中可以找到答案。他曾说过，人在根基处是一种缺陷性存在，技术就是这种缺陷性存在的根本意义。[3]从人类的起源来看，与其他物种相比，人类没有先天禀赋，为了更好地生存，人类学会了使用工具，获得了生存的可能和生活的美好。哲学告诉我们，人在发明工具的同时，也在使用工具的技术中自我提升，人因工具而成为人，人通过工具而成就自己，这也许是人类创造和使用人工智能工具的一个原因。人跑得不够快，就发明了马车、汽车、飞机等；人看得不够远，就发明了望远镜；人观察得不够细，就有了显微镜。人脑虽然看起来很发达，但同样有缺陷，如记得不够牢、算得不够快。作战指挥决策的智能化，就始于这样的逻辑起点。

战争源于理性的有限，无论多么高明的指挥员都不可能永远奔跑在胜利的跑道上。西方战略之父汉尼拔一生战功卓著，公元前 218 年，他曾率领迦太基大军一举越过阿尔卑斯山，出奇制胜挫败罗马军队；坎尼会战中曾在一天中转换使用四个战术，以少胜多，堪称军事史上的典范。但从罗马撤围后，汉尼拔没有把握速战速决的最佳战机，长期外线作战，因兵力和补给难以为继而陷入困境，导致在扎马决战中英雄遗恨。太平洋战争中，日、美两军为争夺瓜达尔卡纳尔岛（简称“瓜岛”）展开殊死较量，最终美军获胜。在先后经历珊瑚岛和中途岛两次海战失利后，日军在南太平洋已经失去了战略主动，实力和士气锐减，但仍坚持南下，决策目标严重错位为瓜岛海战埋下了失败的种子，最终敲响了日本军国主义覆灭的丧钟。1993 年 10 月，美军与索马里人之间的摩加迪沙战役，也是决策失误导致战略战术屡屡失当：克林顿政府和美军联合部队指挥官轻视对手、贸然出兵，在不断受到索马里武装头领艾迪德的挑衅和羞辱的情况下，盲目应对且采取呆板的直接攻击战术，使行动逐步升级，招致各方批评，陷入被动局面；而艾迪德利用了民族情绪及联合国维和部队与美国任务部队之间的分歧，施展灵活的计谋和战术，给美军驻索马里部队以沉重的打击。2004 年的第一次费卢杰战役，也是因为美军指挥官对伊拉克国内的反抗意志和力量估计不足，置国际舆论于不顾，冒进施压，遭到伊拉克境内武装部队和恐怖组织的联合抗击，付出了惨重的伤亡代价，最终不得已结束行动。

美国陆军战争学院的萨缪尔·怀特（Samuel White）认为“决策胜利就是战场胜利”。在总结摩加迪沙战役经验时，美国空军曾公开承认：在海湾战争的作战环境中，美军作战目标十分明确，敌方目标清晰可见，传统的军队对军队的战略使美军占尽优势，但不能因为上一场战争的特征去定性或设定下一场战争，摩加迪沙战役就是一个教训。[4]客观来看，指挥员没有不会衰减的记忆、不受影响的情感和不带偏见的分析，每个作战方案的形成、每步作战计划的实施，都是对决策者的综合考验，尤其是在基于网络信息体系支撑的智能化战争中求胜更是难上加难。因此，揭示作战指挥决策的战斗力机理，研析智能化作战指挥决策的制胜之策，是研战谋战胜战的必然要求。

1.2 加强智能化作战指挥决策研究的目的与意义

研究任何军事理论都带有明确的目的。本书没有描绘未来智能化战争的恢宏场面，也没有对指挥决策所涉及的所有问题进行泛研，而是以探寻“智能化作战指挥决策运行机理”为目的，围绕“推动指挥决策智能化变革的动因是什么？”“智能化作战指挥决策有哪些特征？”“智能化作战指挥决策有哪些要素？”“智能化作战指挥决策系统内在运行机理是什么？”“智能化作战指挥决策流程是什么？”等问题，对智能化作战指挥决策有关基础理论展开研究，探索打赢智能化战争的作战指挥决策之道。

1.2.1 研究目的

研究智能化作战指挥决策问题的主要目的体现在以下两个方面。

一是为未来战争中智能化作战指挥决策实践活动提供理论指导。指挥决策与战争相伴而生，没有指挥决策理论指导的指挥决策实践活动，必然是盲目的实践。理论的形态是多样性的，既有零散的，也有系统的；理论的价值是多层次的，既有片面的，也有全面的。专门深入研究智能化作战指挥决策理论，是为了认识智能化作战指挥决策的本质，揭示智能化作战指挥决策系统内在的运行机理，变革智能化作战指挥决策的范式，树立智能科学决策的理念。正如毛泽东在《实践论》中指出的那样，辩证唯物论的认识运动，只能认识问题的一半，最为重要的不在于懂得了客观世界的规律性，因而能够解释世界，而在于利用这种对于客观规律性的认识去能动地改造世界。从本质上讲，理论的重要性正是因为它能够指导行动。

二是丰富和完善作战指挥学理论体系。前瞻性地预测战争、准备战争，才能在战争真正来临时有把握地实施战争。系统且完整的军事科学理论是军事力量体系成长之基，也是指导战争不可或缺之魂。指挥决策问题对于从事军事理论研究的人来讲，既熟悉又陌生，之所以熟悉是因为决策理论是作战指挥理论的重要分支，之所以陌生是因为即使对于长期从事作战指挥理论研究的人来讲，智能化作战指挥决策理论也是一个全新的课题，智能化作战指挥决策机理的奥秘一直以来没有被完全揭开。《荀子·劝学》中曰：“不积跬步，无以至千里；不积小流，无以成江海。”笔者尝试探索智能化作战指挥决策的本质、机理、思维方法，正是作战指挥学“千里”之“跬步”，是积聚作战指挥理论奔流不息“江海”之“小流”。

1.2.2 研究意义

1.2.2.1 理论意义

2016 年，人工智能（Artificial Intelligence，AI）在全球范围内引起再次关注。

2017 年，国务院《新一代人工智能发展规划》提出了我国人工智能发展三步走的战略：2020 年前我国人工智能研究达到与国际同步的水平；到 2025 年实现人工智能基础理论的重大突破；到 2030 年人工智能理论、技术与实用总体达到世界领先水平。

2018 年 10 月 31 日下午，中共中央政治局就人工智能发展现状和趋势举行第九次集体学习时强调，要加强基础理论研究，支持科学家勇闯人工智能科技前沿的“无人区”，努力在人工智能发展方向和理论、方法、工具、系统等方面取得变革性、颠覆性突破，确保我国在人工智能这个重要领域的理论研究走在前面，并确保关键核心技术占领制高点。

可以看出，党和国家对人工智能的研究，特别是对人工智能基础理论的研究给予了极大的关注。只有实现了人工智能基础理论的重大突破，我国的人工智能才能实现领跑世界的目标。由此可以认为，智能化作战指挥决策是一个前瞻性课题，是新时代军事理论工作者必须攻克的新高地。

近年来，我军作战指挥理论发展迅速、日趋成熟，在不断完善筹划指导战争的理论的同时，也高度关注科学技术对战争的影响，对于智能化战争的专题研究早已全面铺开、层层推进，但作战指挥决策理论研究相对薄弱，化解作战指挥决策危机的针对性、可操作性研究甚少。如何探明、掌握、运用决策机理，是作战指挥理论体系亟待拓展和深化的难题，也是我军提升智能化战争作战指挥能力的重要突破口。

1.2.2.2 现实意义

环顾当今世界，在“和平与发展”的主流趋势下，霸权主义、强权政治、地缘冲突和动荡有所抬头，意识形态斗争、军事摩擦、恐怖主义乱象纷呈，我国周边及印太地区战略格局深刻演变，国家面临的安全威胁错综复杂，一些历史积怨和现实冲突不断浮出水面、变本加厉，“生乱生战的可能性在增大”，世界百年未有之大变局进入加速演变期，世界各军事强国都在为打赢智能化战争而准备。现代新型联合作战具有鲜明的智能化特征，打赢具有智能化特征的信息化局部战争，是新时代我军的使命任务。新型人民军队必须以更强大的能力，更可靠的手段捍卫国家主权、安全、发展利益，[5]这是国家为开启新的百年奋进征程、实现中华民族伟大复兴所提出的历史命题。

2021 年 5 月，以色列和巴勒斯坦哈马斯武装发生激烈交火，被称为世界上第一场“人工智能战争”，在这次战争中，以色列开发使用“炼金术士”“福音”“智慧深度”等代码程序，为作战指挥官提供“优质目标”和行动建议，精准摧毁了哈马斯的地道网络、指挥机构及指挥官住所，至少 100 名哈马斯高级特工、30 多名高级指挥官被精确砍头杀害。以色列通过实战检验了机器学习和算法驱动的战争概念，率先成功地将人工智能赋能于 OODA 各个环节，在现代战争史上具有启发性意义。从全世界近几年爆发的局部冲突来看，现代战争已经发生了深刻变化，战争的时空特性融为一体，战略、战役、战术行动界限趋近模糊，体系支撑的精兵行动和联合无人作战上升为主要手段，防区外远程精确打击成为首选作战方式。面对眼花缭乱战争新形态，战争的制胜机理也有了新的诠释，能否抓住要领，扭住“牛鼻子”，把握正确的时空、使用正确的方法、做出正确的决策，对指挥员无疑是一个巨大的考验。作战指挥决策“牵一发而动全身”，只有透过现象看本质，把作战指挥决策的内涵本质、制胜机理、思维理念、方法手段搞透，才能指挥军队从胜利走向胜利。

1.3 智能化作战指挥决策研究现状

“决策”最早语出《韩非子・孤愤》[6]：“智者决策于愚人，贤士程行于不肖，则贤智之士羞而人主之论悖矣。”决策作为一项活动，在人类的实践中早已存在，它的历史如同人类历史一样悠久。“指挥决策”作为军事术语虽被广泛使用，却仍没有一个具有通用性、权威性的定义。这一概念的产生，主要与指挥理论的发展、对决策活动的重视及指挥学与现代决策学的交叉融合三个因素有关。指挥决策，研究的对象是军事指挥中的决策活动；作战指挥决策，研究的对象是作战指挥中的决策活动。按照决策层次进一步划分，作战指挥决策又可区分为战略决策、战役决策和战术决策三个层面。

依据马克思主义唯物史观，研究任何问题都应该把它作为一定条件下的历史进程来考察，研究作战指挥决策问题，当然亦应如此。我们需要通过了解发展过程深刻认识其本质，掌握作战指挥决策的发展轨迹、活动规律及其作用机制，从而更深入地理解现在和科学地预测未来，更好地指导现代条件下的作战指挥决策活动。

1.3.1 作战指挥决策理论研究

在人类漫长的历史长河中，作战指挥决策思想的发展与时俱进，决策理论成果林林总总，根据决策理论的表现形式可以将其归纳为两大类：一类是以谋略为主的经典作战指挥决策理论；另一类是以模型为主的现代作战指挥决策理论。

1.3.1.1 以谋略为主的经典作战指挥决策理论

1. 鬼谷子决策思想

华夏文明有记载的最早的专门论述决策的人物是春秋战国时期的纵横家鬼谷子，此人姓王名诩，又名王禅，因经常隐居清溪之鬼谷，故自称“鬼谷先生”，春秋时期卫国朝歌人（也有记载为战国时期卫国人），先秦诸子之一，后人称之为中国战略思想的鼻祖、纵横家的先师、兵家的师祖。鬼谷子决策思想与先秦荆楚吴越有密切的联系，也为先秦战略学说——“纵横学说”奠定了一定的理论基础。[7]人们熟知的《鬼谷子》是一部研究游说与谋略的著作，原书共十四篇，其中第十三、十四篇由于年代久远现已失传，经世流传的是道藏本嘉庆十年江都秦氏刊本。《鬼谷子·谋篇》中记载：“故变生事，事生谋，谋生计，计生议，议生说，说生进，进生退，退生制，因以制于事。”[8]说的就是决策者要做出正确的决策，必须根据实际情况的变化审时度势、因事为制。《鬼谷子·忤合》中强调：“非至圣达奥，不能御世；非劳心苦思，不能原事；

不悉心见情，不能成名；材质不惠，不能用兵；忠实无实，不能知人。”阐述的是决策者要具备高尚的品德、超常的智慧、足够的胆识和真知灼见，如果不了解事物本来的面目和事物深层的规律，就不能进行军事运筹。《鬼谷子·反应》中讲：“反以观往，覆以验来；反以知古，覆以知今；反以知彼，覆以知己。”又讲：“牧之不审，得情不明；得情不明，定基不审。”即决策时要善于追溯历史、考验将来，反思过去、了解现在，洞察对方、认识自我，决策者在决策之前必须充分掌握各方面信息，经过反复推理和仔细研究方可做出决断。除此之外，鬼谷子还提出了一种模糊决策法，“未见形，圆以道之，既见形，方以事之。进退左右，以是司之。”这句话告诉人们：遇有情况不明时，初始决策应以周密的方法引诱对手，发挥“圆”的可塑性，当情况明确以后，最终决策要用具体的措施来战胜对方，发挥“方”的固定性，初始决策的“圆”要为最终决策的“方”留有余地，无论进退左右，都要能灵活应对。

2.《孙子兵法》决策思想

《孙子兵法》分为两部书①：一部是吴孙子孙武写的，写于公元前 512 年，是人们通常所说的孙子十三篇；另一部是齐孙子孙膑写的，写于公元前 353 年前后，但这部书没有流传下来，所以汉朝以来人们所说的孙子兵法通常指的就是孙武所写的十三篇。[9]《孙子兵法》是我国古代关于战争决策的最全面和最权威的著作，全书涵盖战争规律、哲理、谋略、政治、经济、外交、天文、地理等各个方面，被誉为世界三大兵书之一。《孙子兵法》首篇便提出了“庙算”的战略决策思想，指明战争是一个国家的头等大事，关系军民的生死、国家的存亡，是必须谨慎周密地观察、分析、研究的，即“兵者，国之大事，死生之地，存亡之道，不可不察也。”孙子将筹划战争的过程称为“庙算”，主张“庙算”要从道、天、地、将、法等方面对敌我双方的取胜条件进行全面的对比分析，对战争结果做出预测，在此基础上进行作战决策。“庙算”包括分析敌我、预测胜负、筹划战争、制定方略等多方面内容，强调要在充分掌握战场信息的基础上，发挥将领的主观能动性。孙子指出，正确的主观指导对争取

① 这两部书在历史上一直有争议。

战场主动权发挥着至关重要的作用。《计篇》主要阐述战前决策问题，突出一个“算”字，这与现代科学决策的思想是一致的。《谋攻篇》中提出，在战役战斗决策时“十则围之，五则攻之，倍则分之，敌则能战之，少则能逃之，不若能避之”的原则，强调用量化的方法进行科学决策。《虚实篇》中还提出“策之”“作之”“形之”“角之”等“形兵”的决策方法，“策之”指通过战前分析以判明敌军计谋的得失，“作之”指故意挑逗以判明敌军的活动规律，“形之”指佯动惑敌以判明敌军所处地形的利弊，“角之”指小战试探以判明敌军兵力部署的强点和弱点等。通览孙子的决策思想，主要包括以下几个方面：一是决策的预见性，孙子指出只有综合衡量“五事”“七计”后，才能做出全面正确的决策，在正确的决策指导下才能赢得胜利。“庙算”即谋划、预测战争，是作战指挥决策的先决条件。二是决策的灵活性，“水因地而制流，兵因敌而制胜。故兵无常势，水无常形，能因敌变化而取胜者，谓之神。”[10]这句话告诉人们，战争是千变万化的，能随机应变制定策略、灵活用兵，才是高明的将帅。三是决策的对抗性。战争是充满对抗性的，交战双方要使己方不被战胜，必须掌握主动权，要先确保自己不能被敌人所制衡，然后再寻找战胜敌人的机会。“孙子曰：昔之善战者，先为不可胜，以待敌之可胜。”四是决策的时限性。《孙子兵法·九地》提出“能使敌人前后不相及，众寡不相恃，贵贱不相救，上下不相收，卒离而不集，兵合而不齐”“兵之情主速”的观点，强调兵贵神速，机不可失，指挥员切忌优柔寡断延误战机。孙子的“奇正相生”与老子的“以奇用兵”，都强调作战指挥决策要以奇制胜，行动风驰电掣。

3. 毛泽东军事决策思想

中国近代历史上，毛泽东堪称中国乃至世界上最伟大的军事决策者之一，他是作战指挥决策的卓越实践者，也是中国战略战役决策理论和思想宝库的伟大贡献者。现在我们可以查阅的许多文献，如《中国的红色政权为什么能够存在》《井冈山的斗争》《星星之火，可以燎原》《中国革命战争的战略问题》《抗日游击战争的战略问题》《论持久战》《战争和战略问题》《集中优势兵力，各个歼灭敌人》《大举出击，经略中原》《解放战争第二年战略方针》《目前形势和我们的任务》《将革命进行到底》

等文章及三大战役的一系列电文，都蕴涵着极其丰富的作战指挥决策理论和思想。自 1983 年以来，国家权威机构相继出版发行了《毛泽东书信》《毛泽东思想研究》《毛泽东军事文集》《毛泽东诗词选》《建国以来毛泽东文稿》，特别是 1991 年 7 月 1 日发行的《毛泽东选集》第二版等文献，[11]既有对毛泽东思想体系的研究，也有对毛泽东军事思想内涵的解读，还有对毛泽东作战指挥决策思想的透视。从这些文献中我们可以发现，毛泽东的军事作战指挥决策思想有三个显著特点。

第一，独具特色的战争决策实践。毛泽东说："做一个真正能干的高级指挥员，不是初出茅庐或仅仅善于在纸上谈兵的角色所能办到的，必须在战争中学习才能办得到。"[12]在长期的革命战争中，毛泽东以其非凡超群的雄才大略，做出了一个个决定战争胜负的重大决策，导演了一幕幕战无不胜的神话。从第一次国内革命战争与国民党军阀周旋，到抗日战争与侵华日军抗衡；从解放战争与八百万国民党大军决战，到朝鲜战场上与不可一世的美帝角逐，无不反映出他独树一帜、技高一筹的战争决策艺术。毛泽东的决策经验或原则：一是，统揽全局，把握关节。毛泽东认为，战役或战斗指挥员了解某种程度的战略上的规律是有必要的，因为战争胜败的主要和首要问题，是对于全局和各阶段关照得好或关照得不好[13]。指挥员要"抓住战略枢纽去部署战役，抓住战役枢纽去部署战斗"。二是，慎思笃行，审慎决断。"必须坚持不打无把握之仗"是毛泽东军事原则之一。毛泽东认为，杰出的将领必须做到胆大而不流于鲁莽，谨慎而不流于怯懦，"把勇敢精神与谨慎精神结合起来"。三是，审时度势，趋利避害。毛泽东同志在战争决策时，特别注重客观、全面地分析形势，兼顾利害。他常常以患为利，放弃眼前的局部利益以争取全局的整体利益。例如，在是否出兵朝鲜的问题上，毛泽东说过"应当参战，必须参战，参战利益极大，不参战损失极大"，"对中国，对朝鲜，对东方，对世界极为利"。

第二，实事求是的战争决策方式。毛泽东在《实践论》中指出："无论何人要认识什么事物，除了同那个事物接触，即生活于那个事物的环境中，是没有法子解决的。""判定认识或理论之是否真理，不是依主观上觉得如何而定，而是依客观上社会实践的结果如何而定。真理的标准只能是社会的实践。”回顾毛泽东战争决策的伟大实践，之所以妙计频生、挥师自如，一个很重要的原因就是坚持实事求是的历史唯物主义精神。毛泽东在筹划和处理作战问题时，善于从分析关联战争的诸要素入手，把握全局，把决策建立在科学论证的基础上。1947 年，毛泽东和中共中央领导人对形势的发展进行了科学的分析估计：大别山位于南京和武汉之间，鄂豫皖三省交界，战略地位敏感且重要；国民党的兵力主要集中于东西两翼，中央部分兵力很薄弱；大别山区过去曾经是革命老根据地，群众条件好，利于解放军立足发展；只要占据大别山，就可以东慑南京，西通武汉，南扼长江天险，钳制中原，犹如将一把利剑插入敌人心脏。国民党必然调动其进攻我陕北、山东解放区兵力回援，与我争夺中原地区，那样，我们的预期战略目的就达到了。在系统分析上述情况的基础上，毛泽东做出了挺进中原的战略决策，先后派刘邓、陈谢、陈粟三支大军挥师南下，变内线作战为外线作战，变战略防御为战略进攻，加速了解放战争的历史进程。毛泽东在复杂的决策对象面前，善于吸取真知灼见，充分运用群体的思维功能形成正确的决策。1948 年，我军与国民党军在中原地区仍处于拉锯状态，形势依然严峻，受之前挺进中原举措获得成功的鼓励，1 月 27 日，毛泽东又做出了由粟裕率领的 3 个纵队，“渡江南进，执行宽大机动任务”的决策，试图以此打破中原地区的僵局。毛泽东预计，以主力一部跃进江南会吸引敌人 20 个至 30 个旅回防，减轻中原战场的压力，从而“变江南为中原，变中原为华北”。受领此任务的粟裕原本主张继续在中原地区作战，但在接到命令初期仍然表示服从中央主张。在濮阳休整准备期间，粟裕对跃进江南的决策反复思考，最终形成了对中原战局的看法和建议——集中中原野战军和华东野战军主力，在黄淮地区打几个大歼灭战，并当面向毛泽东汇报了自己的建议。毛泽东在听完汇报后，做出了华东野战军 3 个纵队暂不过江，集中兵力在黄淮地区，“两军联合，逐鹿中原”的战略决策。毛泽东在作战指挥决策过程中，非常重视运用动态思维的方法。他认为，当某一客观过程已经从某一发展阶段向另一发展阶段变化的时候，指挥员的主观认识也要跟着转变，即要根据新情况做出新决策。1948 年辽沈战役前，毛泽东没有确定战略决战的方针，只在同年 9 月 7 日给东北野战军首长的电报中，规定了东北野战军和华北第二、第三兵团的任务是“担负歼灭卫立煌、傅作义两军 35 个旅左右，攻占平、津、沈以外的各城市”。10 月 15 日东北野战军攻克锦州，10 月 16 日长春守敌第六十军起义后，毛泽东根据这一变化，及时修正原来的决策，于 10 月 17 日电报东北野战军，正式做出了歼敌主力、夺取沈阳的正确决策。

第三，文化积淀的战争决策认知。毛泽东一生与书为伴、博览群书，对中华民族和中国传统文化抱有强烈的自豪感和自信心，他认为“我们中华民族原有伟大的能力！压迫愈深，反动愈大，蓄之既久，其发必速。”[14]作为一个杰出的军事家、战略家，他没有接受过正规军事学校的培训，是中华民族数千年累积的璀璨文化和漫长的革命斗争实践教会了他如何去应对战争。他早年读过的《三国演义》《水浒传》《左传》等典籍都曾经给他的决策实践以最初的启发。1936 年 9 月 26 日，毛泽东在致叶剑英、刘鼎的信中说：“买来的军事书多不合用，多是战术技术的，我们要的是战役指挥与战略的，请按此标准选买若干。买一部《孙子兵法》来。”[15]在《论持久战》一文中，他曾以晋楚城濮之战、楚汉成皋之战、韩信破赵之战、新汉昆阳之战、袁曹官渡之战、吴魏赤壁之战、吴蜀彝陵之战、秦晋淝水之战等中国历史上以少击众、以弱胜强的成功战例来说明主观指导的正确与否，以及影响优势劣势和主动被动的变化的迥异后果。在《实践论》《矛盾中》中，毛泽东深入思考中国传统哲学中的知行关系问题，旗帜鲜明地提请全党同志要充分注意战略决策实践中要处理好认识和实践的关系，因为这是确保战略决策正确和科学的重要前提。

以上经典决策理论不只是决策的溯源，也是决策理论在时间与实践的检验中的不断创新发展。许多近现代专家学者站在前人的肩膀上，不断推动着决策理论的进步，用于指导和解决具有时代特征的作战指挥决策问题，其中代表性的人物和著作有：钱汝益编写的《作战指挥决策与谋略》(1999 年)，编成于“谋略研究热”的时代，对作战指挥决策中的人因研究具有一定的代表性，强调人因在指挥的对抗中更加突出，提出从科学的角度对决策者的行为、心理与思维加以研究；国防大学徐国平编写的《战略决策新论》(2010 年)，论述了现代条件下战略决策者应如何认清自身使命、如何结合新情况进行科学决策的基本原则和方法；军事科学院曹延中编写的《战争的决策》，阐释了军事战略决策理论基础，在对战争决策体制进行探讨的基础上，重点回答了国家利益界定，安全威胁判断和战略形势分析，军事战略制定，战争能力建设，战争目标、类型、样式与手段确定，控制战争规模与把握战争时机，评估战争代价、成本与风险，做好临战准备等问题；原兰州军区参谋长邢世忠撰写的《现代战役决策艺术初探》（1986 年），从战役指挥员的视角认为，战役决策主要有预测、决断、追踪三个关键环节，并对每个环节的具体方法和步骤提供了参考和指导；国防大学范进发编写的《作战决策概论》（2011 年），考虑作战决策是面向作战对手的活动特点，将作战决策定性为对策性决策，从战役指挥的角度，明确了作战决策的方法、模式，并研究了作战决策的辅助手段。

1.3.1.2 以模型为主的现代作战指挥决策理论

现代科学决策的实践由来已久，在第二次世界大战以后逐步发展兴起。现代科学决策是指运用科学理论、原则、程序和方法指导决策活动。20 世纪 40 年代，一大批从事现代管理工作的学者首先提出科学决策的概念，并开始建立现代科学决策理论。

"有限理性"概念最早由美国著名经济学家肯尼斯·约瑟夫·阿罗（Kenneth J. Arrow）提出。在他看来，人的行为是在意识作用下的有限理性，人在信息不完全、计算能力有限的条件下，无法做出全局最优化的决策。后来，美国行政学家赫伯特·A. 西蒙（Herbert A. Simon）又对有限理性进行了详尽的阐述，以全新的思维和方法为人们找到了认识决策的新钥匙。他指出，理性是一种行为方式，在给定的条件和约束下，考虑活动者处理信息能力有限，人们应该追求一个适于达到目标的行为方式，而不是追求最好。他认为，理性是根据评价行为结果的某些价值体系来选择偏好的行动方案。西蒙基于决策者的理性有限，构建了决策的有限理性模型。

在西蒙的有限理性模型中，他认为绝对完美科学的决策在现实中不可能实现，由于信息的不完整性、时间的紧迫性、认知能力的局限性、处理能力的不完备性等限制，"管理人"只能考虑少数几个最关键的问题，决策的最终结果只能做到相对满意而不是最佳。[16]西蒙的有限理性决策理论包括以下几个要素和特点：第一，在对决策目标达成一致意见之后，决策者首先要选择的标准是满意标准而不是最优标准；第二，当达到的标准确定后，第一个达到或超过决策者期望或需求的行动方案就会被选择，而不再继续搜寻其他方案和进行进一步选择；第三，有限理性决策模式不是同时对所有决策方案进行选择，而是按照顺序对决策方案进行排序，再进行两两比较，以此减少对决策者的知识要求和理性要求。[17]

毋庸置疑，无论是管理领域还是军事领域，凡是涉及决策的问题，都必然存在对决策认知程度的理解，因此必然存在完全理性、非理性和有限理性之别。因此，西蒙的有限理性决策理论虽出自管理学研究，但这一理论内容对于军事学，特别是对作战指挥决策学同样具有十分重要的指导价值。

在作战领域，飞行员出身的博伊德是研究作战指挥决策理论的杰出代表。他在研究空战战术伊始，便提出的能量机动理论，至今仍是空中作战和战斗机设计公认的基本原理。博伊德的理论体系可以认为是从研究战术层面切入，进而上升到战役、战略层面。其中，影响最大的便是“OODA 循环”概念，有人称之为“作战周期”，也有人称之为“决策模型”。博伊德认为，在战术层面上，冲突各方都在重复进行观察、判断、决定和行动的循环（OODA 循环），能持续更快地完成循环的一方，就能在战斗中取得胜利，因此，他把战术层的 OODA 称为“快速 OODA 循环”。在战役、战略层面上，判断是重心，判断的准确性往往比速度更为重要，因为它左右着人们与环境的互动方式，也决定了人们观察、决定和行动的方式。判断的因素包括直觉、经验、文化，它们在假设与验证、分析与综合、破坏与创造的博弈中发挥着主要作用。[18]他强调战争是对抗的动态过程，除时间域外，还有物理域、心理和精神域的对抗互动。除时间之外的其他重心和非重心，都需要攻击，都可能成为指挥控制的杠杆支点。这时，重要的不是绝对的速度，而是相对的节奏和节奏的变化，是否能对敌人造成威胁，是否能扰乱或解除敌人的适应能力，是否能成功地进行互动和孤立的博弈是赢得胜利的关键。他指出，在物理和空间领域被充分调动之后，内在（心理和精神）和时间机制才能发挥作用。因此，这种强调主动性、变化、和谐和速度的 OODA 被称为“全面 OODA 循环”。

OODA 循环无论是以简化的形式还是全面的形式来表述，显然都是作战指挥决策理论值得珍视的创新，因为它体现了在任何军事对抗中都会出现的基本过程，使人们认识到非传统手段和敌人系统中的非传统目标可能产生强大的作战威力。从更深层次的角度来理解，OODA 循环作为现代决策理论的一个模型，本身还是一个认识论的表述，是关于人们如何从环境中获得知识的理论和抽象模型。

最近几年，随着对计算机科学、作战运筹和深度学习研究的深入，涌现出基于有限认知论、智能态势认知等新兴决策理论。Yakov Ben-Haim 提出了信息鸿沟决策理论。[19]他认为，由于现实中决策者已有的知识与做出负责任的决策所需知识之间存在差距，因而必须在努力实现关键目标时最大限度地增强决策系统的健壮性和稳健性，即允许决策者的知识、目标与实际之间存在最大限度的误差，以及达不到目标时可以接受的最大不确定性。国防科技大学研究员王飞跃从 AlphaGo 人机围棋大战中得到启发，在技术层面证实了虚实互动的平行理念与方法是一条切实有效利用新 IT 智能技术变革现代指挥与控制的有效途径。[20]学者朱丰提出了态势智能认知概念模型，设计了基于模糊认知技术、态势知识表示学习技术，结合认知机制的深度学习技术，不完全信息下深度增强学习技术，团队态势感知技术，多智能体学习技术，贝叶斯程序学习、迁移学习技术，对抗学习技术，数据变换技术等前沿智能技术的框架。[21]

1.3.2 作战指挥决策方法研究

作战指挥决策是一种组织行为，其基本活动是指挥员及其指挥机关为完成各项作战指挥决策任务、达成作战指挥决策目的，在作战指挥决策过程中反复运用和组织实施的作战指挥决策行为。[22]回顾作战指挥发展史，指挥手段的发展变革源自科学技术革命，作战指挥决策活动方法始终随着科学技术和社会生产的发展而发展，并在一定时期表现出代表性的特质（见图 1.1）。

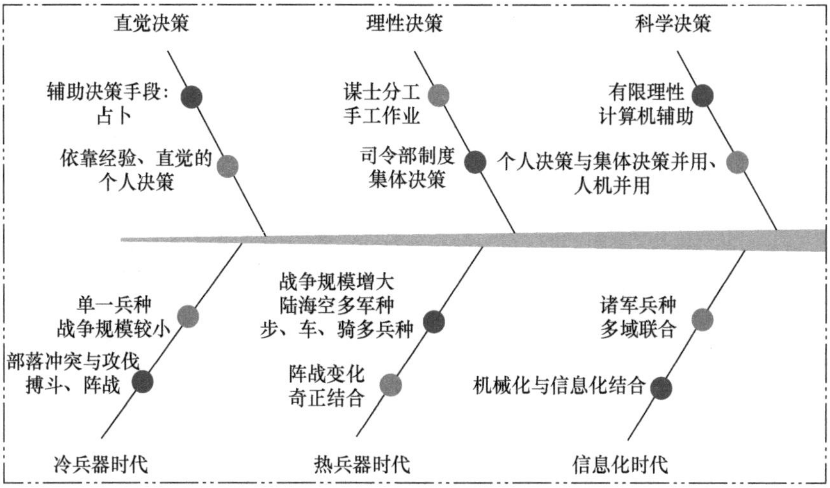

图 1.1 作战指挥决策方法历史演变过程

1．直觉决策方法

古代部落或国家之间的冲突与攻伐，目的直接，规模相对较小，交战方式以近搏、阵战为主，作战指挥决策活动相对简单，主要由部落首领、将领作为军事统帅独自担负作战指挥决策的任务，辅助决策的人和工具尚未出现，战争主要依靠部落首领、将领个人的体能、技能和智能进行直觉决策。这一时期，指挥者一般使用简单的视听信号器材作为指挥工具，如用狼烟来传递信号、用旗语来指挥前进或停止、用击鼓来助威恫吓等，如中国古代的尧、舜、禹和公元前 18 世纪的古巴比伦国王汉谟拉比。

直觉决策是一种潜意识的决策过程，决策的依据是指挥员的直觉判断和经验，如图 1.2 所示。这种决策方式产生于生产力水平比较低下的条件，与科学技术不发达的情况相适应。由于缺少科学依据，直觉决策往往也被认为是一种艺术和技巧，多用于临机应变，容易达到出其不意、扭转乾坤的效果。

直觉决策有以下几个明显特征。

第一，直觉决策以指挥员自己的知识和经验为参考来把握和评估决策方案；第二，直觉决策时效性强，往往“灵光一现”，妙计横生；第三，直觉决策找到的是满意解，而非理性解，也不是最优解；第四，直觉决策往往是对决策问题的整体性把握，缺乏对细枝末节的思考；第五，直觉决策具有一定的创见性。

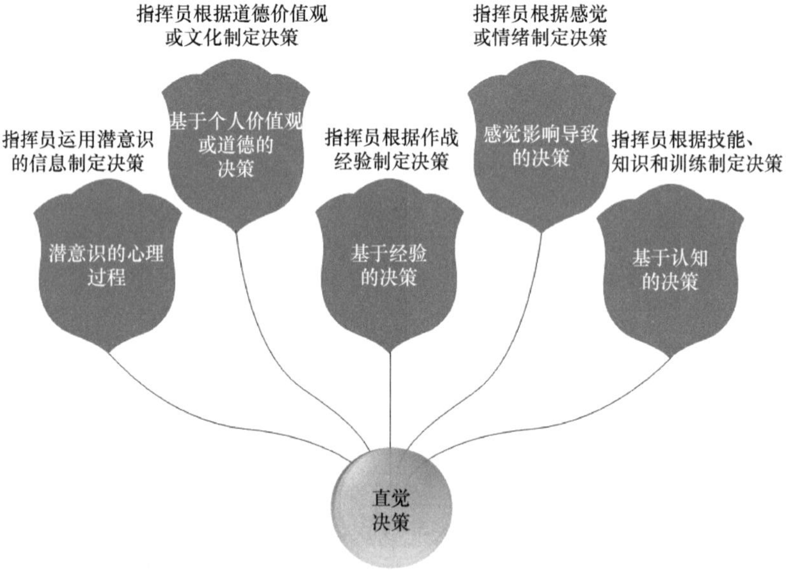

图 1.2　直觉决策

不难看出，直觉决策既是创新也是冒险，尽管拥有过人的直觉会带来辉煌的胜利，但单纯依靠直觉决策则容易造成作战行动上的风险。英国哲学家大卫·休谟曾在肯定经验主义的同时指出了经验的局限性。他认为，首先，人类的所有认知都源自经验，但经验是不可靠的，因为任何经验都只是个别的、偶然的现象，不具有普遍性和必然性。例如，那个比较著名的例子，即使人类见过的所有天鹅都是白色的，也不能得出"天鹅就是白色的"这样的结论。其次，人类天生有依靠因果关系认识世界的本能，虽然我们能观察到一件事物随着另一件事物而来，但两件事物之间的关联是不能观察的，因果关系也是不可靠的，也不具有普遍性和必然性。例如，我们不能看到一个人穿着军队制服，就认为他是军人。思辨哲学的领军人物黑格尔也认为"经验是拥有一般特质的个别事物的综合体"，人们依赖经验处理问题，是因为人们总是意识到事物是某某事物，并始终用各种方式来理解事物的存在，这种惯性实际上是人为地向人们的经验提供一种它并非自动具有的意义。[23]伟大的法国数学家、数学物理学家、科学哲学家彭加勒更深刻地批判了直觉的弊端："直觉只是人们从感觉的粗糙材料中引出的对物理连续统（continuum）和几何连续统的理解和利用，其能力受到避免所有矛盾的必要性的限制。"他认为，物理和几何是演绎的科学，数学是解析的科学，科学成熟的心智必须建立在真正的数学解析之上，而不能单纯地依赖推理与演绎，只有数学连续统能构造趋于无限的复杂的符号系统，才能使人们相继从这些矛盾中摆脱出来，通过纯粹的数理量的解析，使数学成为一种具有创造能力的科学。例如，人们观察到，质量为 10 克的物体 A 和质量为 11 克的物体 B，产生的感觉是相同的，质量为 11 克的物体 B 与质量为 12 克的物体 C 同样无法区分，于是，直觉和经验的结果就是：A=B，B=C，因此 A = C。而如果用数学的方法很容易得出 A < C，很容易将物体 A 与物体 C 区别开来。他还旗帜鲜明地指出："我们不想试图把直觉与解析调和起来，我们甘愿牺牲二者之一，因为解析必定依然是无懈可击的，所以我们决定舍弃直觉。"[24]

虽然依靠直觉进行决策是作战指挥决策行为的惯性，但直觉的得来并非一朝一夕之功，需要长期的实践沉淀和积累，才能形成可靠的经验。依靠直觉决策需要丰富的知识底蕴。战争作为最复杂、最激烈的人类社会行为，要求指挥员必须具备多领域知识，才能保证作战指挥决策的科学性和合理性。韩信能明修栈道暗渡陈仓，是因为他通晓地理；诸葛亮能巧借东风火烧赤壁，是因为他洞察天文；雷英夫能准确预测美军在仁川登陆，是因为他深入分析了麦克阿瑟的用兵特点及朝鲜半岛的潮汐规律。

2．理性决策方法

随着生产力的进步，在军队的构成上，出现了步兵、车兵、骑兵等相对复杂的兵种；在兵力部署上，攻防结合、奇正交替得到广泛运用；在战斗方式上，开始推崇阵战变化，如雁行阵、圆阵、锥形阵等；在战法使用上，注重谋略和出奇制胜等。因此，作战指挥决策活动越来越复杂，决策失误的代价越来越大，辅助决策的专职谋士和幕僚应运而生。我国古代兵书《六韬》中记载了太公对谋士团队作用的论述："故将有股肱羽翼七十二人，以应天道。备数如法，审知命理，殊能异技，万事毕矣。”这里强调重视“股肱羽翼”的理由是：举兵兴师，将帅要掌握好军队的命运，最重要的是通晓和了解全面的情况，应该用好左右得力辅佐之人，量才授职，用其所长，灵活掌握，并使其成为一项制度。当宋朝的火药技术传入欧洲后，战争被引向热兵器时代，火枪、火炮逐步发展成为军队的主要装备，武器装备种类增多，军队兵员规模变大，战场从陆地扩张到海上，与作战有关的业务机构逐步建立，作战、情报、炮兵、工兵、后勤等职能部门先后成立。1796 年 3 月 2 日，拿破仑出任意大利军团司令，他客观地认识到作战指挥与决策的复杂程度，率先组建了首个军队幕僚组织——司令部，由他的老部下和搭档贝尔蒂埃出任参谋长。进入 19 世纪后，普鲁士军队所向披靡，先后在 1866 年普奥战争和 1871 年普法战争中获得完胜，普鲁士参谋总长老毛奇根据战争实践经验改革组建了结构合理、功能齐全的总参谋部。总参谋部作为作战指挥决策中枢，由参谋总长领导，内部机构按照战区、职能进行划分，各司其职，灵活配置。总参谋部制度后来被世界各国军队相继模仿，并在第一、二次世界大战中加以运用和改进。参谋部制度的建立，标志着作战指挥决策从个人决策向群体决策转变，从直觉经验决策向理性决策转变。

理性决策是一种有明确思维方向、有充分推理逻辑的决策方式，多以群体决策的方式组织。这种方法有利于调动群体的战斗意志和智慧，有利于知识互补，借助更多的信息，进而挖掘出更多可行性行动方案，同时也增加了决策结果的可接受性和可执行性，有利于决策的顺利实施。理性决策建立在观察、分析、推理、判断、综合的基础之上，合乎逻辑又超越逻辑，要求指挥员和参谋人员既要有逻辑精神又要有实证精神。

理性决策多采用定性分析与定量分析相结合的方法。在决定大多数作战关键问题时，指挥员的指挥经验、指挥艺术和指挥素养等因素都会发挥决定性作用，参谋团队的集体智慧也应给予重视。从方法上看，理性决策建立在逻辑推理之上，主要有形象推理、系统推理、辩证推理、公理推理、经验推理等。[25]形象推理以直观形象和表象来进行推理，人们常见的模拟、形象类比、想象等，都属于这一类；系统推理更加强调科学推理的整体性原则，把要解决的问题和对象作为一个有机联系的整体，从作战指挥各个方面、各种关系上去把握作战行动，是瞄准整体效能的决策方式；辩证推理以决策活动矛盾运动变化发展的对立统一关系为思维起点，运用辩证思维，于发现问题、分析问题、解决问题的过程中，提高决策水平或做出创造性的决策；公理推理也可称为规则推理，是指运用公认的规则、原理而进行的推理，人们熟知的一些兵法战法，都可以算作这一类；经验推理，是在过去积累的经验基础上，通过联想或迁移，解决当前类似问题的决策方式，它更加重注感性认识上升到理性认识后的直觉。于长海在《军事系统决策研究》一书中将军事系统决策问题做了系统的总结。[26]

（1）对于确定型决策问题，方法主要有调查研究法、线性规划法等。

（2）对于非确定型决策问题，方法主要有悲观法（小中取大准则）、乐观法（大中取大准则）、折中法（乐观系数准则）、最小遗憾法（大中取小准则）、均值法。

（3）对于风险型决策问题，方法主要有最大可能法、期望值法、决策树法。

（4）对于博弈型决策问题，方法主要有零和法、有限零和法。

（5）对于多目标决策问题，方法主要有多目标最优化法、效益成本分析法、层次分析法、罗马尼亚选择法、两两对比价值法。

（6）对于灰色决策问题，方法主要有灰色局势决策法、灰色线性规划法、灰色整数规划法、灰色目标规划法。

3. 科学决策方法

第二次世界大战的硝烟散尽后，世界范围内的大规模战争被按下了暂停键，世界新格局为科学技术迅猛发展提供了机遇和温床，电子、光学、计算机、航空航天、核等新兴技术在军事上运用得越来越广泛，尤其是计算机引发的信息技术革命，使计算速度与信息资源的价值成指数级增长，让军事竞争拓展到陆、海、空、天、电多个维度。1991 年的海湾战争及 20 世纪末爆发的几场局部战争（1999 年的科索沃战争、2001

年的阿富汗战争、2003 年的伊拉克战争等）成为检验美国 1986 年颁布的《国防部改组法》（1986 年）后的磨刀石，引发了世界范围内的军事变革，多域一体的联合作战成为 20 世纪末收官的战争代表作。在海湾战争中，美国人首次试验了“空地一体战”的作战概念，首任联合作战司令官施瓦茨科普夫被赋予行使跨越军种的指挥权力，他指挥的“沙漠风暴”之所以横扫海湾，是因为其有上百种武器装备构成若干种武器系统和指挥系统，共同效力于战场，而不单纯依靠空军制空权。[27]美军充分依靠计算机技术、信息技术、自动化技术等先进科技成果，将战争引入快速、精确、高效的轨道。以美军为首的联军给全世界上了一堂战争实践课：联合作战形态下，需要合理设计战略、战役、战斗各个层级的决策体制，只有灵活运用科学高效的决策方法，才能驾驭陆、海、空、天、电各个领域，才能使作战指挥决策的时效性、正确性、稳定性得以充分保证。

科学决策始于人们被颠覆的战争认知。实践证明，战场上交织的各种不确定性始终是造成作战指挥决策困顿的主要原因。恩格斯在点评普法战争时指出，“任何时候都不应当确信这些战略计划会完全带来一切预期的效果。障碍随时随地都会发生。例如，部队可能在需要他们的时候不能准时来到；敌人可能突然移动，也可能已采取了意外的戒备措施；此外，激烈而顽强的战斗或者某一个将军的健全的理智，也往往能使败军避免因失败而造成的最坏的结局”。[28]而在战争形态和指挥制胜机理快速演变的同时，不确定性这一固有属性同样经历了重大变革，新的不确定性及其作用机制将迫使作战指挥领域衍生出更多、更新的不确定性，[29]迫切需要使用更科学的方法和手段使决策科学化。

科学决策在新的信息科学技术和近代数学理论的温床中孕育而生，并随着人工智能技术、大数据技术、计算机技术等飞跃性地发展而走向成熟，成为研究战略、战役、战术的最基本和最可靠的方法，因为它采用最为简约又最为精确的方式对作战指挥决策目标、条件、行为进行分析。

以现代科学技术为手段的科学决策方法，主要包括四大分支：统计决策理论（Statistical Decision Theory）、对策论（Game Theory）、系统决策分析（Decision Analysis）和运筹方法（Method of Operations Research）。[30]

统计决策理论，也称贝叶斯决策理论，它是科学决策理论的基础，也是决策学和决策论的主要内容，主要解决在面临不确定随机状态因素的条件下，如何科学合理地做出决策的理论和方法。对策论，最初的叫法是博弈论，主要研究在竞争或对抗条件下，如何科学地做出决策的理论和方法，它与作战指挥决策关系更为密切。这里需要注意的是，决策论研究单一主体如何进行选择，博弈论研究多个参与人如何选择，要重点考虑主体间的相互依存和互动关系。系统决策分析，是用于当决策问题涉及因素众多、内部关系和问题结构复杂的大系统决策问题时所需要的科学决策理论和方法。运筹方法，是用来求解各类结构化决策问题的数学模型，如数学规划、动态规划、排队论、搜索论、存储论等，它已发展成为通用的决策计算方法。此外，还有一些较晚被提出的决策理论和方法，如冲突分析（Conflict Analysis）、随机决策过程（Stochastic Decision Process）等。

从时间顺序看，博弈论的提出较早，可追溯到 1838 年法国经济学家奥古斯汀・古诺在分析生产者竞争时，利用均衡概念研究了寡头市场的情况，并使用了“解”的概念。1881 年，英国经济学家埃奇沃斯提出了“契约曲线”作为决定个体之间交易结果问题的一个解。后来，法国数学家波莱尔做了为对策问题建立抽象数学模型的初步尝试，并提出了一些概念。1928 年，美籍匈牙利数学家冯・诺伊曼证明了著名的极小极大定理，该定理被认为是博弈论的精华，为博弈论奠定了基础。1944 年，冯・诺伊曼和摩根・斯坦恩合写了《博弈论和经济行为》一书，标志着博弈论作为一种系统理论的开始。[31]统计决策理论的一些概念，如主观概率和效用等，是 1931 年由 Ramsey 从概率论统计学的领域里提出来的。系统决策分析是在 20 世纪 50 年代初期，在统计决策理论的基础上发展起来的，它适应现代社会大企业、大工程、大科研的决策需要，是新兴的科学决策理论。随着决策问题的大型化、复杂化，计算机成为处理决策问题不可缺少的工具，计算机决策支持技术（Decision Support Technology）日益成为科学决策的重要内容。我国著名学者钱学森先生提出开放的复杂巨系统决策的定性定量相结合的综合集成方法，包含了更加复杂、丰富的科学技术内容，是当今国内外决策科学发展的重要理论基石。

1.3.3 作战指挥决策应用研究

进入21世纪，人类迎来科学技术发展之大变局，以信息技术、传感技术、物联网技术、大数据、量子计算和人工智能为主的新兴科技加速向军事应用领域渗透。正如恩格斯所断言：尖端科技的应用最早是从军事领域开始的！当前，军事智能化竞争以汹涌之势席卷全球。

1.3.3.1 美国——优势明显，率先领跑

作为当前全球人工智能研究领域的领头羊，美国站在国家安全战略的高度布局军事智能化领域的工作。早在2014年，时任美国国防部副部长沃克就提出“第三次抵消”战略，旨在使美国维持并扩大不对称军事优势。“第三次抵消”战略的核心是有选择性地发展人工智能、自主系统等颠覆性作用技术。沃克表示，这些技术将永久性地改变OODA循环。

2019年2月12日，美国国防部官方网站发布的《2018国防部人工智能战略概要——利用人工智能促进安全与繁荣》指出，美国国防部将以“以人为中心”的方式使用人工智能技术：一是将人工智能融入决策和行动中，以提高军事评估的准确性和精确性，减少已部署部队和平民的风险，保持军事优势；二是利用人工智能增强预测、识别和应对各种来源的网络和物理威胁，以加强本土防御；三是通过人工智能创建精简高效的组织，以提高手工的、体力的、以数据为中心的任务的执行效率，并提高重复性工作的速度和准确性；四是扩展人工智能服务国防的领域和模式，成体系地发挥其作用。[32]智能化决策基本覆盖情报、火力、指挥、保障各个链条。

美国陆军认为，未来陆军战场将是一种复杂、动态、异构的战场网络，将带来前所未有的挑战，陆军应对冲突的战术、技术和程序需要相应地变化，人工智能和机器学习等新兴技术具有击败跨陆、海、空、天、电等多个领域的多层作战体系的潜力。据美国陆军评估，陆军部队执行作战任务时通常在强对抗、机动能力受限、通信能力降级的复杂环境中行动，为了保护作战人员的安全并确保任务成功，需要指挥官和作战人员提高决策的速度和准确性，这种独特的挑战是其他军种和商业部门无

法解决的。为此，美国陆军成立了陆军人工智能创新院（A2I2），负责攻关能够帮助陆军提升多域作战能力的人工智能技术，开发具备可靠性、适应性和健壮性的人工智能/机器学习系统，[33]通过人工智能和自主系统增强单兵和平台作战能力，有效地整合有人/无人编队，更快地对全球广泛地区的任务需求做出响应，并为陆军提供持续 ISR 能力和给予对手致命打击的力量。此外，由美国陆军未来能力实验室牵头，美国陆军 C^5ISR 中心与多个人工智能工作团队、网络跨职能团队共同开发的人工智能助手服务于多域作战决策，以期帮助任务规划人员在多域作战中制定最佳行动方案。[34]该工具可根据任务的目标和优先级，自动生成最佳行动方案，并生成图形化任务方案演示。在方案推演阶段，作战人员可以选择其中某一种方案与原始方案进行对比，决定是否信任或和选择该方案。2020 年 8 月 11 日至 9 月 1 日，美国陆军在亚利桑那州尤马试验场举行了“融合计划 2020” 演习，以验证人工智能系统的作战能力。演习中试验了 Prometheus 人工智能目标处理系统和 Firestorm 人工智能辅助决策系统，并确定打击方案。经测试，人工智能和自主系统已经将从传感器到武器的响应时间从过去的 20min 缩短至 20s。Prometheus 系统由美国陆军人工智能任务部队和 ISR 任务部队共同开发，利用机器学习从大量的卫星图像和其他数据中发现目标，并将目标数据和武器系统进行资产匹配和无缝集成，信息数据处理之快、发现伪装和隐藏目标之准、传输距离跨度之大、武器匹配对接之精可谓前所未有。此外，这套系统未来还将与各种有人机、地面系统、士兵可穿戴增强系统相连并交互数据。Firestorm 系统使用人工智能算法收集无线电数据链、导航、环境信息和目标信息等，近实时地处理分析数据，并将所发现的变量与数据库关联对比，生成分析结果，更新通用态势图，并在此基础上确定打击目标所需的最优武器选项。2021 年 10 月，美国陆军举行“会聚工程 2021”（Project Convergence 2021）年度大规模作战演习，该演习围绕美国陆军在第一、二岛链范围内可能执行的作战任务设计了七大作战场景，测试造雨者（Rainmaker）、普罗米修斯（Prometheus）、火力风暴（Prometheus）、射击（Shot）四种人工智能系统在杀伤网中的分工与作用，验证四种系统在异构数据标准化、海量数据处理、智能任务规划、同步高节奏瞄准等环节是否衔接紧密。测试的作战流程为：造雨者系统对来自不同平台的多源异构数据进行标准化处理并传输至作战云服务器；普罗米修斯系统从作战云中提取数据，发现目标；火力风暴系统针对发现目标生成打击方案，供指挥员决策；射击系统根据选定方案引导武器系统完成射击。[35]

海军方面，2019 年 12 月 31 日，美国战略与预算评估中心（CSBA）发布《夺回海上优势——实施“决策中心战”推进美国水面舰艇部队转型》报告，提出了“决策中心战”的作战思想。[36]决策中心战的制胜机理是使对手陷入“决策困境”，保持己方决策优势，从而获得作战优势。从报告阐述的思路来看，这一作战思想的关键支撑是智能化辅助决策。2020 年 2 月，CSBA 发布《马赛克战：利用人工智能和自主系统实施决策中心战》研究报告，将马赛克战作为以决策为中心的作战实例，描述了马赛克战概念潜在的威力与作用。“决策中心战”思想改变了美军长期以来以“消耗”为目的的战争观，转向通过给对手制造多重困境来阻止对手实现目标，这一理论视角更加宏观，不仅提高了美军自身的适应性和生存能力，还增加了作战环境的复杂性和不确定性，削弱了对手作战指挥决策能力，而马赛克战的概念只是“决策中心战”思想下的具体兵力设计和战术方案。可以看出，“决策中心战+马赛克战”的全新作战体系将变革现有作战形态。在新兴作战理论的牵引下，美军认为，人机协同、集群作战、分散部署、精确杀伤将成为未来战争的首选项，这意味着指挥官和作战人员需要超强的战场态势感知能力，只有依赖人工智能自主系统，才能实现 C2 流程优化，进而实现 C3。为此，需要加强对认知科学理论、人机交互技术、自主决策技术、动态规划系统的开发与运用。

2019 年，美国海军开发了一款舰艇自防御人工智能辅助决策系统——COVAS 系统，COVAS 系统基于一种用于打击群守卫（SGD）训练系统的数据集，利用机器学习算法来模仿人类专家在有充足时间的条件下做出决策，以完成特定任务。SGD 训练系统主要针对对美国海军造成最大威胁的反舰巡航导弹（ASCM），帮助海军战斗人员在信息不完整的条件下迅速做出正确的反 ASCM 决策。SGD 训练系统积累的决策数据集可以不断训练和改进智能决策模型，提高训练效果。SGD 训练系统的训练数据中详细记录了每次训练计划所采取的具体行动信息（如时间、地点）及未被采用的计划行动，COVAS 系统通过观测训练计划中的数据输入，对比用户在同一时间或地点采取和未采取的行动，帮助用户选择行动方案，并就资源最佳部署给出建议。

空军方面，在美国空军 2021 财年的预算清单中，“空中博格人”项目（Skyborg）被列为美国空军未来十年战略规划中的“先锋计划”之一。该项目是基于无人机的人工智能应用，开发验证人工智能算法软件用以提高无人机自主性，实现更强的作战能力。“空中博格人”兼具智能飞机和智能飞控系统操作员两种角色，不但可以与有人机协同编队，充当有人机的僚机执行侦察、空袭任务，还可与其他平台组成联合编队，执行电子战、通信中继、指挥蜂群攻击等多样化任务，具有视距外自主起降、智能机动及态势感知能力，可以自主判断来自地面、空中及其他方面的威胁，将空域情况发送给有人机，并提供是否应该采取机动或攻击的决策选项。据悉，目前该项目总体进展顺利，有望在 2023 年交出“空中博格人”系统初期作战版本。

在作战指挥决策应用方面，美军目前已经将人工智能技术广泛应用于作战筹划的整个流程。2013 年，美国国防高级研究计划局（以下简称 DARPA）将其开发的“深绿”系统交付给美国陆军使用，该系统能够自主完成从受领任务到行动方案生成的筹划步骤。美国空军 Alpha AI 空战仿真系统也可完成全自主作战筹划流程。2020 年 8 月，DARPA 与承包商 Apatima 公司合作，启动了自适应分布式概率任务分配（ADAPT）项目，致力于研究在信息密集环境下战场数据高速处理和人机协作决策。ADAPT 项目开发的高级人工智能模型和代理库提供了数百万种可能的场景，以便指挥官在适应环境变化的同时快速选择最佳方案，最大限度地降低作战风险。作为下一代人工智能的一次全新尝试，ADAPT 项目最大的优点是它设计了不同版本，既有用于班组行动决策的工具软件，也有用于高级指挥层级的操作系统，不同版本之间贯通兼容，指挥链条上各个层级的数据记录可以帮助上级充分了解下级的行动优势和决策倾向，有利于在作战计划中将任务分配给最恰当的人去执行。2021 年，

DARPA率先吹响争夺“制脑权”的号角，其资助的“认知增强”项目取得了重大进展，该项目研发的非植入式脑外装置可以大大提高作战人员在多维战场空间中的感知能力和学习能力。综上所述，美军人工智能的发展令人惊叹，人工智能技术已经深度融合到受领任务、任务分析、拟制行动方案、方案推演和评估，以及监督计划执行等各个活动环节，作战指挥智能场景已经在美军作战体系中基本形成。

1.3.3.2 俄罗斯——奋起直追，弯道超车

俄罗斯总统普京曾表示，人工智能不仅是俄罗斯的未来，也是全人类的未来。2019年6月，《俄罗斯人工智能国家战略》出台，提出以“政府主导、军用为先；启动立法、超前谋划”的建设规划思路以推进人工智能发展。俄罗斯国防部下属的388所军事科研机构大部分都在积极从事人工智能、机器人及自动控制等智能科学领域的研究。俄罗斯在2014年建成的国家防御指挥中心被俄军视为对接战场的“战争之屋”。这一国防部最高级指挥所是一个全域覆盖的全天候运转指挥枢纽，承担的任务包括：24小时跟踪全球态势、重大任务在线直播、海外行动在线支援、风险管控等。[37]“战争之屋”在俄罗斯国家防务方面发挥着重要作用，实现了高层决策直达、态势实时感知、信息处理迅速、指挥链路缩短、响应及时高效的全方位作战要求。“战争之屋”之所以成为俄罗斯国家安全的“数字大脑”，离不开人工智能领域创新成果的支撑。据悉，未来俄罗斯将致力于把国家防御中心打造成无人值守的指挥中心。此外，2021年5月21日，俄罗斯国防部部长绍伊古公布“俄罗斯已经在规模化生产具有人工智能、可以独立作战的战斗机器人”。事实上，俄罗斯是目前全球少有的拥有人工智能武器实践经验的国家之一，从早前叙利亚战场测试的“天王星”无人作战系统、“前哨”无人机到组建无人机分队，俄罗斯近年来在无人自主作战武器领域奋起直追并实现弯道超车。目前，俄罗斯空天军航空兵部队、俄电子战部队、防空部队均已配备了先进的自动指挥系统，采用人工智能技术整理分析从各种渠道获取的情报信息，自动提出战术建议供指挥员决策。[38]

1.3.3.3　英国——雄心勃勃，追求领先

2021 年 3 月，英国国防部发布《竞争时代的英国国防及新印太战略》评估报告，报告提出，“未来冲突的胜负取决于人工智能解决方案的速度和效率”。英军认为，人工智能和人工智能赋能的自主能力对国防现代化至关重要。[39]为此，英军制定了“雄心勃勃”的人工智能战略，并在人工智能领域进行巨大投入，以推动和协调国防发展速度。首先，为应对国家层面的挑战和威胁，英国国防部拟建立一个新的人工智能防御中心，实施数据管理技术，开发通用人工智能平台、工具包和最佳实践，测试与验证新功能，以及最终提供可扩展的解决方案。其次，英军未来人工智能发展战略将立足实现加快决策和作战节奏、扩大作战能力范围、提高作战持久性和质量，启用无人系统替代作战人员执行“枯燥、肮脏和危险”的任务，并确保作战效益显著或可负担得起。该评估报告延续了 2020 年英国《国防科技战略》的相关规定，专注于“高风险研究”和“改变游戏规则的技术”，以保持战略优势和技术优势。

在 2021 年 7 月 6 日的北约年度“春季风暴”演习中，英国陆军第 20 装甲步兵旅首次使用了人工智能引擎和云技术处理数据信息，通过人工智能进行决策输出和控制活动规划，在演习实弹射击环节中，也大量使用了人工智能决策技术。

1.3.3.4　中国——把握机遇，乘势而上

在全球范围内，人工智能已经成为未来最大的风口，随着全球对人工智能关注度的上升，我国人工智能创新发展也进入了一个关键期，正处于把握机遇、乘势而上的黄金窗口。

在顶层规划层面，2017 年 7 月 8 日，我国《新一代人工智能发展规划》《促进新一代人工智能产业发展三年行计划（2018—2020）》颁布实施，以国家政策牵头的人工智能顶层设计和生态布局成为创新发展的强大引擎。人工智能是引领新一轮科技革命和产业变革的战略性技术，具有溢出带动性很强的“头雁”效应，加快发展新一代人工智能是事关我国能否抓住新一轮科技革命和产业变革机遇的战略问题。[40]2019 年 7 月，《新时代的中国国防》白皮书称，智能化战争即将到来，正在进行的

军事革命将改变未来战争的制胜机理。

在基础研究层面，我国目前有 37 所高校设立了智能科学学科，7 所高校成立了机器人学院，人工智能人才培养进入了快车道。军事科研院所走在技术开发前列，如国防科技大学精确制导自动目标识别重点实验室致力于自动目标识别技术的研究，西北工业大学、哈尔滨工业大学、北京理工大学等高校初步形成了人工智能技术场景化验证的良性循环。此外，一大批新兴民营企业在人工智能领域取得的技术突破为人工智能军事化创造了技术条件。例如，云洲智能科技投入大量科研力量开展无人系统和自主武器系统的相关研究。2018 年日本《产经新闻》刊登系列文章指出，在中国，有很多组织和团体正在从事人工智能研究，加之大力推进军民融合，使许多民用人工智能技术被加速转用于军事。[41]

在装备应用层面，近年来陆、海、空各军种分别致力于研究作战机器人和无人地面车辆、自主无人水面舰艇、自主无人机系统等，我国已经在陆海空实现“无人化”。备受追捧的“翼龙”和“彩虹”两个系列的无人机，在国际市场上评价颇高。据报道，亚阿冲突中的“网红”TB-2 无人机（土耳其生产）曾在中东战场上被“翼龙 2”击落数架。具有高空长航时隐身性能的“彩虹”无人机、对空作战的“暗剑”无人机、察打一体的“云影”“风影”无人机及被称为能与美国“全球鹰”抗衡的“翔龙”无人机，均得益于人工智能、自主控制等智能科技。2020 年，媒体公开两款用于陆战战场的新型无人装备，分别是轮式全地形无人车和机器狗，可以与步兵同步作战，也可以单独完成任务。此外，我国在无人舰艇、无人潜艇、自主性导弹技术等领域也具有明显优势。

1.4 研究智能化作战指挥决策的思路与方法

古人云：工欲善其事，必先利其器。对于军事理论研究而言，这个“器”就是研究方法。不同的研究方法有不同的指导原则，规范着、引导着和支配着军事理论研究的整体框架和具体活动。对于智能化作战指挥决策的研究，既是丰富作战指挥学和军事决策学的基础理论探索，也是军事领域趋势性、前瞻性研究，需要运用科学方法和系统思维来对这一问题进行创新性研究。

1．系统法

人们在认识事物系统时，如果仅从事物的整体性去掌握是远远不够的，还需要把整体与部分有机结合起来才能真正认识系统。从实用主义角度来看，把握整体与部分的关系问题是系统研究的核心问题，这也正是现代系统论的观点。系统法是以系统为研究对象，透视系统所包含的所有组成部分及它们之间的各种关系来阐明系统特性与功能的一种方法。科学地讲，系统法并不是孤立地考查系统的整体，而是从系统与要素、结构、层次、功能、环境的相互关系中探索系统的核心问题。本书运用系统法来研究作战指挥决策问题，从整体上研究作战指挥决策系统的存在、运动和变化，从整体与要素的关系上分析系统变化的动因，进而把握系统的发展规律与运行机理。

2．模型法

模型是对实物的模仿或模拟，以抽象来代替某种事物或系统。模型法的思路是通过建立模型、分析模型得出结论，将结论用之于系统的控制与调整上。毫无疑问，这种方法非常适用于研究军事问题，是研究军事运筹和破解军事问题的有效方式。作战指挥决策问题包含抽象的指挥艺术，也包含明确的指挥科学，运用模型法可以将抽象的、定性的军事问题转化为具体的、定量的数学问题，利用定量分析、科学计算细化作战指挥决策活动的颗粒度，有效提高决策的精准度。本书建立的决策模型并不是完全重构现实版的作战指挥决策系统，而是从符合度、可靠度、适用度出发，明确一定的边界条件，构建一种适当复杂程度的模型，量化现实与系统之间的关系，以简单模拟复杂、以抽象解决具体。

3．解析法

解析法又称分析法，是利用函数解析式去求解数学模型的方法。解析不是归纳，也不是推理演绎，而是数学科学研究最常用的经典方法，是一种真正具有创造性的科学方法。数学，研究的不是客体本身，而是客体之间的关系，只要客体之间关系不变，客体自身的变化对系统的影响就是可以计算的。本书采用形式化的符号语言来表达系统各要素之间的关系，得出智能化作战指挥决策系统整体效能、单一要素效能的函数表达式，通过对不同阶的决策系统或子系统的微分，解决决策系统物理连续性和相对性问题，使决策系统运行效能分析得以求解，从本质上揭示智能化作战指挥决策系统的运行机理。

本章小结

本章阐述了本书的研究背景、研究目的与意义，总结综述了作战指挥决策理论、作战指挥决策方法、作战指挥决策应用的研究现状，提出了智能化作战指挥决策问题研究的具体思路与方法。

第2章

智能化作战指挥决策的内涵要义

众所周知，战争是对人类劳动力和劳动成果的浪费和摧残，但它也推动了人类生产力的发展。战争不仅是对人类生命力的测试，也是人类智慧进化和文明进步的交锋。当前，人工智能已经成为新一轮科技浪潮的领军技术，机器人战士、无人驾驶武器、自主通信网络、智能弹药等新兴作战元素带来了一股巨大的冲击波，改写了战争规则。而在这些新兴元素的背后，发挥核心职能作用的是各类决策中枢，控制这些决策中枢就控制了一切，争夺“制智权”已经成为未来战争对抗的制高点。那么，智能是什么？智能化的内涵是什么？智能化作战指挥决策因何产生发展？本书将以廓清智能化作战指挥决策的本质与内涵为研究起点，逐一回答，深入研究。

2.1　智能的概念与本质

2.1.1　智能的概念

对于“智能”的理解，仁者见仁，智者见智。中国古代思想家把“智”与“能”看作两个相对独立的概念。在《荀子·正名篇》中有“所以知之在人者谓之知，知有所合谓之智。所以能之在人者谓之能，能有所合谓之能”[42]的论述。其意思就是说，人所固有的认识客观事物的本能，谓之“知”，这种本能与万物相结合，通过后天努力获得认识，才叫“智”。从自然环境中感知和理解信息，提炼知识并运用于自适应行为的能力，就是“智能”。另一位先哲孟子则说：“是非之心，智也。”孟子认为，能分辨是非得失，就是智能的表现。这与西方莎士比亚的“to be or not to be”异曲同工，而蕴藏于“to be”与“not to be”两个活动之间的“should”即是智能，它既包含逻辑，又包含大量的非逻辑，如直觉、模糊、非理性等因素。

对于智能的概念，有如下几种定义与解释。

（1）《现代汉语词典》定义为“智慧和能力的总称”。

（2）《韦氏大词典》释义为“Capacity for understanding and for other forms of adaptive behavior”，译为“理解能力及各种适应行为的能力”。

（3）《牛津词典》直接解释为“power of seeing, learning, understanding, and knowing”，即观察、学习、理解和认识的能力。

以上解释皆通俗易懂且不无道理，但对于具体研究来说，这些解释还不能满足专业学术研究的需要。中国人工智能学会理事长钟义信教授从另一侧面对人类智能与人工智能分别做出定义。他认为，人类智能是人类智慧的子集。人类智慧是人类为了满足生存发展的需要和目的，凭借已有的先验知识去发现和定义所处环境中需要解决而且可能解决的问题，并预设期望目标，在此基础上，利用信息与专门知识制定求解策略，并把策略转化成行为，从而解决问题实现目标的能力。[43]简言之，人类智慧就是“发现问题—分析问题—解决问题”。这其中包含两层含义：一是面对具体环境发现问题的能力依赖于人类自身的目的和知识，是一种思辨性、内隐性和创造性的能力，被称为隐性智慧；而解决问题的能力依赖于获取信息、提取知识与在目标引导下生成策略的能力，是操作性、外显性和学习性的能力，被称为显性智慧。隐性智慧是人类智能的前提，也是人类特有的创造力的源泉，而人们常说的“人类智能”主要指在隐性智慧前提下的显性智慧。而人工智能则特指人造机器所拥有的智能。它是在人类设计者给定问题、知识、目标的前提下，机器根据输入的初始信息、在目标引导下提取求解问题所必要的专业领域知识，制定求解策略并转化为机器行为，从而解决问题实现目标的能力。[44]可见，对应于人类智能，它之所以被称为“人工智能”，是因为它只有“显性智慧”，而没有“隐性智慧”。前者自身具有明确目标和先验知识，有发现问题、定义问题、分析问题、求解问题的能力；后者则没有自身目的和知识，需要人为设定问题、搜索知识和求解目标。这是两者的根本区别。

关于人类智能和人工智能的论述表明，任何智能都是面对一定环境、带着一定问题、追求一定目标的。因此，本书这样定义智能：它是指主体在目标的驱动下，通过有效地感知、适应或调节周围环境，对客观事物进行理性分析、判断及实施行动的综合能力。这里的主体，既可以是人，也可以是机器。

2.1.2　智能的本质

智能的本质是现代科学家、哲学家一直在努力探索和研究的问题，它既深奥又有趣，与宇宙的起源、生命的奥秘一起被视为现代科学里程上三座无法逾越的山峰。通过研究物种的起源可以发现，人类的独特之处在于拥有理解自身及世界的能力和渴望，进化论中因此称人类为拥有心智的“智人”。通过使用智能或智力，我们可以根据需要适应与改造外界环境。人类大脑的思考能力和创造能力帮助我们成功挑战了各种生存、生产、生活的困难与障碍。近年来，科学家们在脑科学、神经心理学等领域的研究取得了飞跃进展，对大脑的生理结构与功能原理认识得更加清楚，结合智能的外在表现，从不同的角度、以不同的方法对智能进行研究，提出了几种不同的观点，其中影响较大的观点有结构主义理论、功能主义理论和行为主义理论。

1．结构主义理论或思维理论

这一理论认为智能的核心是思维，人类的一切知识都是人类思维的产物。产生智能的功能区定位于大脑，大脑的思维活动是一切智能的来源。为此，只要将人类大脑神经网络结构模拟出来，就可以把智慧复制到机器上。结构主义学派认为，可以通过对大脑结构、思维规律与方法的研究，进而揭示智能的本质。例如，大脑中负责逻辑和递归思维的区域是大脑皮层，其中只有约八百万个神经元，[45]人类便可以通过构建比它大几千倍、运转速度快几百万倍的神经网络，设计智能的架构，将构成智能构建模块中相对简单的方法结合起来。基于神经网络模型和网络学习算法都是遵循这一工作原理而产生的。

2．功能主义理论或知识阈值理论

人类大脑作为知识的引擎，从某些方面来看简直无所不能，而在某些方面又有很明显的弱点。大脑的能力可以通过大范围并行计算体现出来，计算机也能通过这种方法受益。功能主义理论认为，智能来自可以运用的知识，智能的表现则是在已知或未知搜索空间中迅速找到一个满意解。知识多搜索空间就大，满意解的集合也可能增加，意味着智能程度就高。这一理论在智能研究领域中得到很多认同，像专家系统、数据工程、知识工程等都是受之影响发展起来的。

3．行为主义理论或进化理论

这一理论认为人类为了维持生命与生存，在动态环境中逐渐变异、进化过程中保留了有利性状和个体性差异。智能的原型是“刺激（输入）—响应（输出）”行为，智能系统是一个“感知—动作”系统，只需在输入与输出之间建立一定的规则（if...then...），就能完成特定的任务，解决特定的问题。因此，行为主义理论认为控制是智能的动力，它强调客观对智能进化的可能性与必要性，而否定主观或抽象对智能的必要性。

以上三种理论从不同角度对人工智能的原理进行了解释和模拟，方法不同导致结果不同，但对智能的本质基本归一化，即智能是一种能力，是在给定待求问题、先验知识、求解目标的前提下，获取相关信息、提取相关知识、生成策略、求解问题。只要这个链条环节是完整的，智能就是存在的，求解的问题越简单，智能程度就相对越低，求解的问题越复杂，智能的程度就相对越高，而不是非要同人的能力做比较。美国斯坦福大学人工智能研究中心尼尔逊教授认为，人工智能是关于“怎样表示知识、怎样获取知识及怎样使用知识的科学”。如果客观地考察人工智能研究活动，我们可以得出这样的结论：人工智能以研究人类（不仅限于人类）智能行为的机理、方法和技术，去构造具有一定智能行为的人工系统，使其去模拟、完成以往需要人的智力、能力才能胜任的工作。确切地说，人工智能技术涉及人类行为学、仿生学、逻辑学、脑科学、机器学、语言学、哲学等，涵盖自然科学与社会科学的几乎所有学科，其范围远远超出信息技术和计算机技术的学科范畴。

人工智能研究是从求解问题开始的，处于思维科学的技术应用层，人工智能与思维科学是实践与理论的关系。早期的人工智能问题比较简单，大多以“是”或“否”的判断与选择为主，进行一些简单的智力游戏或者感知判断。例如，我们家庭、办公室或公共场所常用的空调，当我们设定好温度值以后，空调可以实时感知当前温度值，进入自动调节控制的工作模式，使温度始终保持在设定值，这就是一个初级的智能系统，能够自己辨识温度高低，代替人去完成调温的工作。随着人工智能理论和方法的不断丰富，计算机程序的完善和学习性能的提高，人工智能除了具有一般的判断能力外，还能够进行知识学习和逻辑推理，模拟人类专家系统的决策过程，在某些特定领域内给出专家级的解答，如战胜世界围棋大师的 AlphaGo。未来人工智能研究的努力方向是使人工智能具备“联想”与“创造”机能，实现真正意义上的会“思考”懂“逻辑”，使人工系统与人脑系统全息交互或完全模拟人脑的思维系统，实现物理世界与信息世界的虚实平行。

2.2 智能化的内涵与智能化作战指挥决策的要义

作为 21 世纪前半叶的朝阳科技，人工智能迅速崛起并冲击人类社会各个领域，因此有人说，人类正迈向智能化时代。

2.2.1 智能化的内涵

所谓智能化，是指被人工智能技术所强化并产生的一种伴随形态，是强调全面和过程的状态。

智能化是智能扩张的表现。技术上的突破一旦形成，技术溢出将不可避免。当前，引入人工智能构建新增长点或改进现有技术和方法，已经成为各行各业的重要选择。20 世纪 90 年代，信息技术的快速发展带动了人工智能初步应用，无人机系统的制造技术和操控技术越来越成熟，无人机这种武器可靠性越来越高，其特殊的功能与价值在战场上开始凸显。进入 21 世纪，战场机器人、地面无人车辆、水面无人舰艇、水下无人潜航器等，相继向战场空间渗透，智能化作战场景基本形成。在技术上，有仿生智能、机器智能、群体智能和人机混合智能；在功能上，有智能感知、智能计算、智能识别、智能打击、智能决策等；在应用上，有单装智能、协同智能、体系智能、进化智能等。

军事智能化态势逐渐形成。当前，智能领域研究已经形成全球化形态，以智能化为核心的科技革命和军事变革已经上升为国家战略，世界各国正加紧布局智能化领域的工作。美国政府计划在 2022 年使人工智能的研究投资比 2021 年翻一番，白宫科技政策办公室、美国国家科学基金会和美国能源部宣布，未来 5 年投资 10 亿美元成立 12 个人工智能和量子研究中心，其中 7 个是人工智能研究中心。美军智能化发展的战略理论建立在联合全域作战和以高超声速武器为代表的先进能力不断压缩决策周期的作战环境下，如何利用人工智能增强 ISR、指挥控制、信息作战、特殊作战及作战保障等能力。[46]美国陆军参谋长詹姆斯·麦康纳尔提出，随着人工智能技术能力不断缩短决策周期，美国陆军未来的目标是在战术和思维水平上全面超越对手，从而实现决策优势。公开资料表明，美国在塑造军事智能化态势方面已经将其他国家甩在身后。

2.2.2 智能化作战指挥决策的要义

智能化作战指挥决策是将人的智能和人工智能系统组合起来共同从事作战指挥决策活动，是将人类智慧与科学技术有机结合后的互相增强，如图 2.1 所示。换句话说，智能化作战指挥决策由人工智能辅助决策

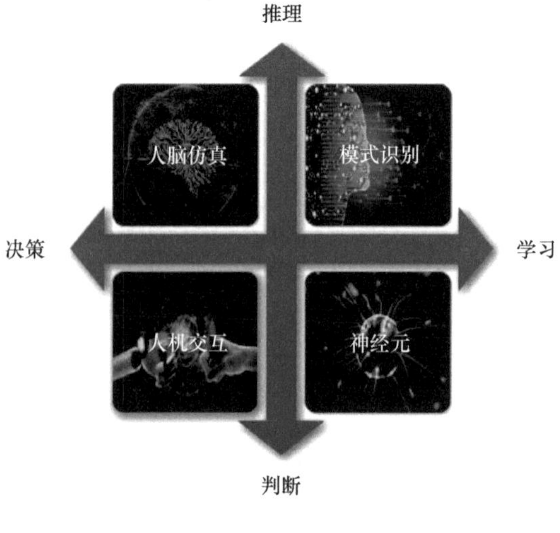

图 2.1 指挥决策中的人工智能核心技术

系统分担、承担以往需要人来完成的作战指挥决策活动，其本质是人的头脑（简称“人脑”）与机器头脑（简称“机脑”）相融合共同作用于作战指挥决策活动，以全面提高作战指挥决策活动的效能。

2.3　作战指挥决策智能化变革的动因分析

唯物辩证的哲学原理认为，任何事物的发展变化都是内因与外因共同作用的结果，二者虽没有主次之分，但有性质之别。内因是事物发展变化的根据，是主要的，它决定了事物发展的基本趋势和方向；外因是事物发展变化不可或缺的条件，外因通过内因起作用。因此，研究作战指挥决策智能化变革的内因与外因，对摸清作战指挥决策智能化演变脉络，把握推动作战指挥决策智能化发展的着力点，提高智能化作战指挥决策水平，打赢智能化战争具有重要的理论意义和现实意义。

2.3.1　推动作战指挥决策向智能化发展的内因

恩格斯在《反杜林论》中指出：“装备、编成、编制、战术和战略，首先依赖于当时的生产水平和交通状况……起变革作用的不是天才统帅的‘知性的自由创造’，而是更好的武器发明和士兵成分的改变。”恩格斯还进一步论断，“一旦技术上的进步可以用于军事目的并且已经用于军事目的，它们便立刻几乎强制地，而且往往是违反指挥官的意志而引起作战方式上的改变甚至变革”。人类战争实践也充分表明，科学技术是军事发展中最活跃、最具革命性的必要因素，科学技术的每次历史飞跃都近乎同步地带动军事飞跃，引发战争形态和作战指挥决策的重大变革。

2.3.1.1　网络化智能传感技术为智能化作战指挥决策提供了信息基础

计算机技术、网络通信技术、传感器技术被认为信息科学的“三大支柱”，是现代信息技术取得长足进步的重要标志之一，在引领信息科学向网络化、数字化、智能化趋势发展的同时，由此结合孕育出的网络化智能传感技术开辟了传感技术的新方向，实现了信息采集、传输和处理的高度融合统一。网络化智能传感系统是在卫星通信、无人驾驶、云技术等新兴科学技术的支撑下，通过网络化传感使广袤的作战空间“互联化”与“泛在化”，突破了时间与空间的限制，使指挥机构可以实时地获取信息、支配信息、利用信息。新一代网络化智能传感系统不仅能自动识别、跟踪目标，获得大量目标特征数据，还能自主防范电子干扰，进行数据融合处理，必要时经授权可以自主决策，集感知能力、计算能力、通信能力和决策能力于一身，凸显出边缘智能的特征，属于支撑多域作战的物理层基础。据悉，美国空军 2018 年便开始布局广泛分布的地面、空中和空间传感系统来收集 ISR 和战场数据以支持快速决策和提高作战速度。

2.3.1.2 算法技术为智能化作战指挥决策智能化发展注入了知识引擎

众所周知，大脑是人类的智能中枢，通过对信息的大量计算和逻辑推理做出选择和决定。算法的作用就是模拟大脑的工作机制和原理，使机器具备智能。从本质上看，算法是为解决一个问题或完成某个过程，按照设定规则和程序运行以期获得理想结果的一套指令，是实现“信息—知识—决策”转变的主引擎，是作战指挥决策智能化背后的推动力量。当前，机器学习已经成为智能算法的代名词，它的核心技术是能通过数据或经验对知识进行更新和扩展，对决策结果进行自动改进。受算法技术的冲击，世界各国掀起了“算法战”竞赛。美国国防部于 2017 年组建“算法战跨功能小组”，这个小组的核心职能是研究人工智能、大数据和机器学习等“战争算法”，以算法解决作战过程中有效信息产出效能低、反馈失误等问题，进而依托“战争算法”建立数据自主分析系统，缩短 OODA 循环的反应时间。2021 年，美国空军实现了将人工智能算法整合至空战中心和地面控制系统（DCGS），使备受青睐的算法真正部署至实战杀伤链。

2.3.1.3 人机交互技术为作战指挥决策智能化发展开辟了互通互操作通道

在高度信息化的对抗条件下，友好的人机交互是争夺决策优势的关键。自将机器用于辅助决策以来，构建一个相对优化的人机组合，不但是确保人机最佳协同的关键，还直接关系人机组合执行任务的能力。最初的人机协作谈不上“交互”，因为人与机器是单向的，人占据主动，机器处于被动。而智能时代的人机协作，是融入智能技术的人机交互。它是双向的，人的主动性与机器的被动性界限不再那么明显，机器可以实现主动推送信息、自主融合计算、主动存储并进行深度学习，生成全新的态势信息，从而形成全新的决策模式。目前，运用于军事上的人机交互技术主要有触控技术、声控技术、图形交互、动作交互、眼动交互、虚拟现实输入、多模式交互及智能交互等。接口的性质种类各异，既有有形的，也有无形的；既有软件的，也有硬件的，可以将根据作战任务需要进行区分和设定。

2.3.1.4　系统融合技术为作战指挥决策智能化发展创造了弹性空间

近年来，在云计算、嵌入技术、芯片技术等前沿科学技术的推动下，指挥信息系统的集成化水平越来越高，呈现出向网络化、融合化、智能化发展的趋势，概括起来主要表现为“六个转变”：体系架构由网络中心向知识中心转变，云端架构向云边端一体化转变，预定集成向弹性适变转变，计算智能向认知智能转变，固化既定向自主学习演化转变，交互方式向人机融合智能交互转变。受系统融合技术的催化，不仅实现了决策中枢由一元“人脑”结构向“人脑+机脑”的二元结构转变，而且实现了由层层递进式的链状指挥向多层交融式的网状指挥转变。作战指挥决策模式也发生了相应的变化。一方面，人脑与机脑各有明显的优势和劣势，人类在直觉、归纳、横向思维、对复杂或不确定环境的适应能力方面表现更为突出，而机器在大数据分析、计算量及计算速度、对规则的专注等方面更加擅长。智能决策系统能够根据任务的不同，于变化中优化人机组合模式和工作流程，从而确保人与机器都处于最佳状态，最终使决策回路最简洁，信息在不同决策层间循环的反馈链最短。另一方面，系统融合技术的成熟，必然使决策机构在物理空间里可按需移动，在虚拟空间里可按需移植。决策输出单元不再局限于特定的决策者或固定的指挥所，而演变为作战需要的任何物理域或虚拟域，传统的武器装备可以作为决策平台，战术单位甚至单独执行任务的士兵也可以成为决策者。

2.3.2 牵引作战指挥决策向智能化变革的外因

如果说，科学技术的发展是推动作战指挥决策向智能化发展的内在根本，那么，智能化战争的到来便是作战指挥决策智能化变革的外在条件。智能化时代必然塑造智能化战争，智能化战争必然需要智能化作战指挥决策。进入 21 世纪以来，战争形态发生了巨大变化，军事行动的显性目的和隐性目的越发错综复杂，战争所涉及的相关因素超出了传统的时空界限，争夺战场主动权的手段五花八门，挥之不去的“战争迷雾”及信息不对称产生的溢出效应等，这些或精神的或物质的、或真实的或虚拟的、或正向的或反向的、或军事的或非军事的诸多因素都会决定战争走向、改变作战进程和影响作战结果，作战指挥决策活动的复杂性骤增、任务量暴涨，作战指挥决策面临前所未有的挑战。联合作战战场从传统向新型、从有形向无形加速拓展，呈现出显著的立体性、多维性、广域性和关联性特征，因此，综合运用信息化、智能化指挥手段，充分发挥主观指导的能动性和创造性，活学活用智能化战争的战术战法，是打赢智能化联合作战的时代要求和必然途径。

2.3.2.1 瞄准认知，以认知领域为攻防目标

众所周知，“感知—认知—决策—行动”是人类认识世界和改造世界的基本过程。认知，是制定决策的前提基础，有了科学正确的认知，才能确立合理的目标并做出可达到最大效益的策略和行动。《孙子兵法》阐述的关于形势、奇正、谋攻、军争、九变、行军、用间等相关谋略，无一不是建立在科学认知之上的决策智慧。

现代战争正在以背离传统的模式诞生，认知已被推到了主导地位，打认知战，已经成为现代战争的新选项并得到广泛实践。它既可以独立于战场有限时空，也可以与其他作战行动相互策应。打认知战有很多种手段，如采用灰度宣传进行认知重构，借助舆论欺骗进行认知塑造，利用模糊策略进行认知控制，进而输出心理战、叙事战、混合战等战术。

认知攻击以人的大脑、思维甚至意识形态为目标，无论对于指挥员还是战斗员，本身就是一种巨大的威胁。特别是作战指挥决策层的认知对抗，关系全局全域，因此，要求指挥员要具有全局思维、全域思维，在战略上先敌判断，在战术上先敌行动，兼顾作战手段和作战效果，才能以最小的代价赢得最大的胜利。

依据认知战的作用效果，可以将其区分为认知遏制、认知塑造和认知控制三个层次。

认知遏制是为了削弱敌方的态势感知能力，使其无法判断或失去判断能力，达到“我知敌而敌不知我”的目的。采用的手段通常包括：毁形匿情，隐蔽企图和行动；奇正变化，使敌难测。例如，2015 年俄罗斯武装介入叙利亚冲突之前，以“中部－2015”战略演习为掩护，隐蔽地完成了含 50 余架战斗机在内的兵力部署，就是运用了认知遏制的手法。

认知塑造是为了引导对方按己方的预想进行决策和行动，达到“人有形而我无形”的境界。以虚示敌、以无形取胜需要充分的知己知彼，在掌握作战对手的思维习惯、作战能力、作战目标、作战决心等情况下，靶向推送虚假态势信息，误导其向我方预想的方向发展。在 2021 年 5 月的巴以冲突中，以色列对哈巴斯武装控制地区实施“预告式”空袭，以色列空军在实施轰炸之前，以喊话或打电话的方式提前通知居民撤离，表面上看，这一举动是为了减少附带损伤，彰显“正义”和“人道”。殊不知，以色列恰恰是以事先“打电话通知”的方式，完成心理战术输出，瓦解对手民心基础，给哈马斯造成严重的心理压力。以军借助舆论煽动民众情绪，使民众产生认知错误，这种直击要害的认知攻势，击溃了巴方的心理防线，同时带来了舆论效应。[47]

认知控制是指改变对方的决策模式或决策结果，达到“敌为我控、敌为我用”的效果。同样是在 2021 年的巴以冲突中，以军在认知领域可谓发挥得淋漓尽致。2021 年 5 月 14 日凌晨，以色列军方对媒体宣布，以方地面部队正在向加沙地带发动进攻，超过 9000 人的预备役已经完成动员，将参加战斗。以军的警报发出不久，真的开始炮击哈马斯目标，营造出大规模地面战即将打响的态势。为躲避以色列地面部队的攻击，哈马斯武装开始重新调整部署，将大批的武装人员和武器装备转入地道，这些地道里隐藏着哈马斯的火箭弹制造场所、火箭弹发射场所、装备维修场所、指挥和控制中心等，而以色列通过地震传感器监测地下震动已经发现和定位了这些地道。[48]不久，以军出动160架战机，携带450枚钻地弹和精确制导炸弹，对地道进行了40分钟高强度的轰炸，以集中式的精准打击“完美地”将哈马斯武装力量“一锅端”。可以说，这是一次出色的、高级的认知控制行动，或叫诱骗行动，出其不意，声东击西，作战效率极高。另外，认知控制的对象不仅限于人脑，还包括机脑。控制人脑一般以脑科学、认知科学及生物技术为手段，控制机脑则通常利用网络电磁攻击、篡改智能决策系统算法、重新编写硬件程序，或者直接控制输出等方法，对敌方智能决策系统实施软、硬件或输出控制。

2.3.2.2 主打算法，以智能算法为作战引擎

虽然最早提出“算法战”的目的只是解决数据骤然增长带来的情报分析困境，但促使“算法战”倍受重视的深层原因是寻求人工智能在军事领域的全面运用以塑造军事优势。

目前，算法对作战指挥决策的影响力是双重的。其一，在“算”的层面上，算法已经不仅限于用于数据分析和情报处理，它还可以嵌入观察、判断、决策、行动的各个环节，以机器速度提高OODA各个行动的自主性、精确性和效率，最终实现比对手更快更好地完成OODA循环，通过“算”夺取战术层面的优先权。其二，在“法”的层面上，可以通过算法的计算和推理解决涵盖作战构想、行动方案在内的一整套战争设计，论证作战所需兵力、火力结构和作战综合能力，设定战争门槛，预测战争风险，通过“谋”回答以什么方式打、与谁打、在哪打、怎么打、怎么准备等问题，在衡量战争代价与掌握作战主动权上找到最优解。

毫无疑问，作战设计是基于应对安全威胁和战争指导的作战运筹。《孙子兵法》提倡“胜兵先胜而后求战，败兵先战而后求胜”，就是说，胜利不仅是打出来的，更重要的是依靠设计与筹划。作战设计是贯通战略需求与作战能力的桥梁。打赢未来战争的第一指导要则是掌握作战主动权，谁能够主动设计战役布势、设计力量体系、设计战法行动，谁才

能率先转化为作战体系、形成作战能力，才有可能打好主动仗，下好先手棋。在未来的智能化战争中，作战设计好不好，直接关系能否获取主动权，因此，算法竞争必将成为未来指挥对抗的主要手段之一，它可以实现由应对战争到设计战争、从被动适应到主动引导、从临机应变到超前制变的转变。

2.3.2.3　拓展多域，以精确联动为制胜之道

“多域战”是战争形态发展进程中的重要里程碑。多域战，是指依托网络信息体系编组和运用联合作战力量，跨域聚合作战力量，从多个领域对敌作战体系实施精确打击，以达成作战目的。其核心要义是跨域联合、精确作战、即时聚优、毁瘫体系、速决制敌。

一方面，多域联动要求作战指挥决策的视野覆盖战略、战役和战术。随着核领域、太空领域、网络空间领域、生物领域等新兴作战要素融入战争，未来战场将是具有全域性的作战空间，任何一个角落都可能成为作战行动的发起点，战争指导者必须立足于最大可能的作战框架，于混沌、复杂的世界中赢得战争。2010 年，美国和以色列的情报机构经过分析得出“空袭和传统军事手段不可能摧毁纳坦兹”的结论，便决定借助“震网”病毒之手，破坏伊朗纳坦兹铀浓缩工厂，最终致使大约 1000 台 IR-1 离心机报废。在未来的多域作战中，战场情况的变化将是动态非线性的，必须考虑作战实体在多维空间、多样手段、多元结构上同时展开，而且在时空和相互关系上深度交织。因此，构建多域战作战框架应包含四个层次，即物理层、时间层、虚拟层和认知层，通过聚合横跨战场上的多域能力，来夺取并保持决策优势（见图 2.2）。

另一方面，跨域联合需要作战指挥决策在虚实场域并行交互。现代战争界域已经从陆地、海洋等有形疆域拓展到网络、认知等无形疆域，从此域到彼域的逐层递进、不断虚化，引导着战法设计由昔日的“以实为主、以实击实”转变为信息时代的“以虚主导、虚实交互”。[49]

第一，武器之“虚”。信息革命创造了虚拟世界，智能革命创造了虚拟武器。在人工智能泛化的智能化战场上，实体武器与虚拟武器兼容并蓄、交互作用，并以实中有虚、虚中有实的方式加以部署，给指挥员造

成决策困境。2008 年 8 月的俄格“五日战争”，俄方在大规模地面作战行动前一日，运用僵尸网络武器将格鲁吉亚与外界孤立，并对格方政治人物发起网络轰炸，有效保障了正面战场的作战行动。

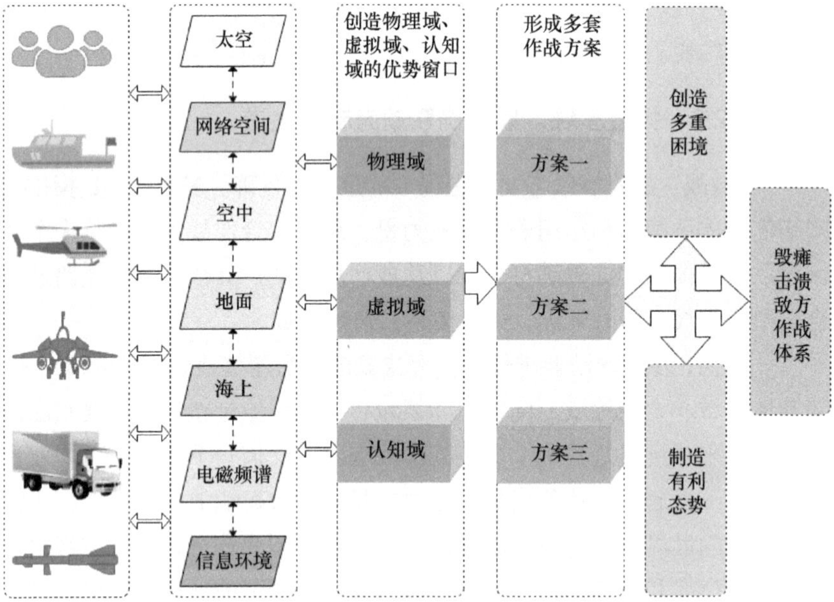

图 2.2　多域战作战指挥决策框架

第二，场域之“虚”。继制海权、制空权、制太空权之后，智能科技所引燃的火花正在将战争引向“制智权”。美国海军提出的“决策中心战”概念，就是运用模块化、马赛克式的兵力部署将指控中心和作战单元“去中心化”，以物理域部署之“实”，制造认知域之“虚”，使对手难以应对。

第三，模式之“虚”。现代战争模式伴随着信息科技和智能技术的发展而日益宽泛，不再局限于以硬攻击、暴力摧毁为主要模式的消耗战和歼灭战，更加倾向于采取在实的场域用虚的方式、在虚的场域用虚的方式、在虚实交互的场域以虚实交互的方式等来对抗较量，如网络战、心理战、舆论战等。

本章小结

本章以递进的方式阐述了智能化作战指挥决策的基本概念。第一层，廓清智能、智能化等概念，并从结构主义、功能主义、行为主义三个角度对智能的本质加以阐述。第二层，明确了智能化作战指挥决策的内涵要义。第三层，从内因与外因两个方面辩证论述了作战指挥决策智能化变革的动因。

第3章

智能化作战指挥决策的典型特征

受人工智能等新兴科学技术的影响与强化，作战指挥决策活动的技术特性与传统作战指挥决策技术相比有了明显改进，见表3.1，突出表现在决策系统的学习能力、自组织能力、大数据处理能力、逻辑推理能力、自主研判能力、容错修复能力等方面。透过这些显性的系统能力，智能化作战指挥决策还有其独树一帜的特征，包括内在的生成机理、动力引擎，定性与定量相结合的求解方法，表征于外的、整体的自组织特性和运行范式等。

表3.1 智能化作战指挥决策技术与传统作战指挥决策技术特性对比

特　　性	智能化决策系统	传统决策系统
学习能力	有	无
自组织能力	有	无
大数据处理能力	复杂关联性计算	单一计算
逻辑推理能力	模糊逻辑	二值逻辑
自主研判能力	有	无
共享能力	点对点平行	树状网络拓扑
容错修复能力	有	无

3.1 基于“信息—知识—策略”的生成机理

“发现问题—分析问题—解决问题”是我们认识世界的基本逻辑，这一逻辑所对应的是“信息—知识—策略”的逻辑。

3.1.1　信息—知识—策略的映射关系

在信息科学技术领域，信息指用来消除随机不确定性的东西。对信息的定义是：

若有随机变量 X ，假设它有 N 种可能的状态 $\{x_1, x_2, \cdots, x_n, \cdots, x_N\}$ ，这些状态出现的概率分布为 $\{p_1, p_2, \cdots, p_n, \cdots, p_N\}$ ，则它的随机不确定性大小可以用 $H(X)$ 度量。

$H(X)$ 称为 X 的概率熵，它的概率分布函数为：

$$H(X) = -\sum_{n} p_n \lg p_n \tag{3-1}$$

$H(X)$ 的单位是比特（bit），在理想观察（观察的结果可以完全消除不确定性）的条件下，式（3-1）也可以表示“ X 所能提供的信息量”。可见，“信息”既可以被人类加以认知和理解，也可用以消除随机不确定性。战场上的所有信息，不但可以用来帮助指挥员和参谋人员了解正在发生的事情，还可以作为指挥员迅速和正确决策所需的实时认知，用于改善指挥员的认知能力。

知识，是认识主体关于事物的运动状态及其变化规律的表述，[50]是由信息加工出来的反映事物本质及其运动规律的抽象产物。如果说信息是现象，那么知识就是本质。对于知识的度量（人们通常所说的“知识量”）可以用观察者对事物所具有状态的平均肯定度来表示，即

$$K(C) = \lg \frac{M_{\varnothing}(C)}{M_{\varnothing}(C_0)} = \lg N + \sum_{n=1}^{N} C_n \lg C_n \tag{3-2}$$

式中， $K(C)$ 表示观察者 O 在观察某个事物 X 之前所具有的关于 X 的先验肯定度分布。

观察之后，其所具有的关于 X 的肯定度分布称为后验肯定度分布，记为 $K(C^*)$ ，那么有

$$K(C^*) = \lg \frac{M_{\varnothing}(C^*)}{M_{\varnothing}(C_0^*)} = \lg N + \sum_{n=1}^{N} C_n^* \lg C_n^* \tag{3-3}$$

观察者 O 通过观察所获得的知识量可以用以下公式表示：

$$K(C, C^*, O) = K(C^*) - K(C) = \sum_{n=1}^{N} C_n^* \lg C_n^* - \sum_{n=1}^{N} C_n \lg C_n \tag{3-4}$$

策略是指在把握事物相关规律的基础上形成的关于如何处理问题才能达到目标的对策与方略。策略要告诉人们的是：面对具体的问题（事物的初始状态），应当按照什么方法和步骤（改变状态的方式），才能把问题的原始状态一步一步地转变为目标状态。所以说，策略也是一种特殊信息，更是一种特殊知识，是一种用来求解问题的知识，是由信息加工出来的反映事物本质及其运用规律的抽象产物。策略的形成是由信息触发、知识支撑、目标导控的信息转换过程。这种信息转换过程表示为一种映射（见图 3.1），即

$$C:(I \times K \times G) \to \varnothing \tag{3-5}$$

式中，C 表示信息转换；I 表示信息；K 表示知识；G 表示目标；$\varnothing$ 表示生成的策略。

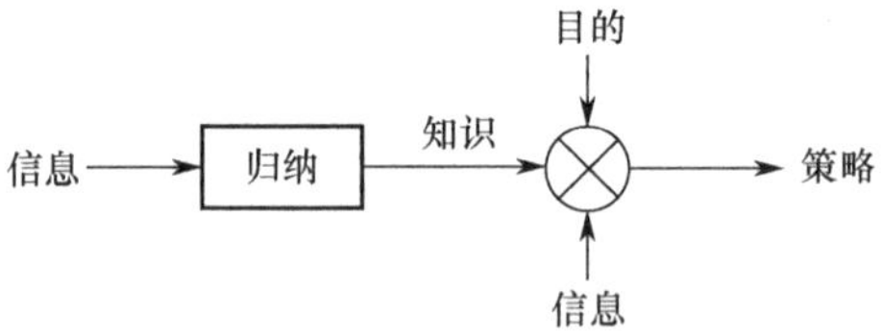

图 3.1 “信息—知识—策略”的映射关系

3.1.2 信息—知识—策略的演化过程

由信息到策略的映射，反映出决策的生成沿着“信息—知识—策略”的路径逐级递升，它是从信息出发的归纳、推理、抽象和计算活动，如图 3.2 所示。由信息生成知识，必须经过数据提炼、信息融合，需要依据一定的规则和方法，对信息进行挖掘、归纳和推理，对信息中蕴藏的敌我友、战场环境和相互之间的逻辑关系进行深度理解，进而得出能够表达关于作战企图、作战能力、作战目标、战术运用等态势特征及其发展趋势的知识。由知识到策略，必须进行判断、推理和选择，需要依据运筹思维和科学推理计算使知识转化为可用于行动的决策，这一过程离不开人的理性、经验甚至灵感，也离不开除人以外的智能因素，如计算机辅助计算、辅助推理、辅助决策。

由信息到策略的映射同时也反映出，现代科学技术发展和技术发展

带来的手段、结构、组织与程序上的改进，将使“信息—知识—策略”的转换过程更快捷、更出色、更可控，可使人们迅速取得对未来作战空间前所未有的掌握和了解，提高了对作战时间域、空间域的认知和理解，决策过程必然相应地加快，从而使人们能在对手行动的过程之中或之前做出反应。

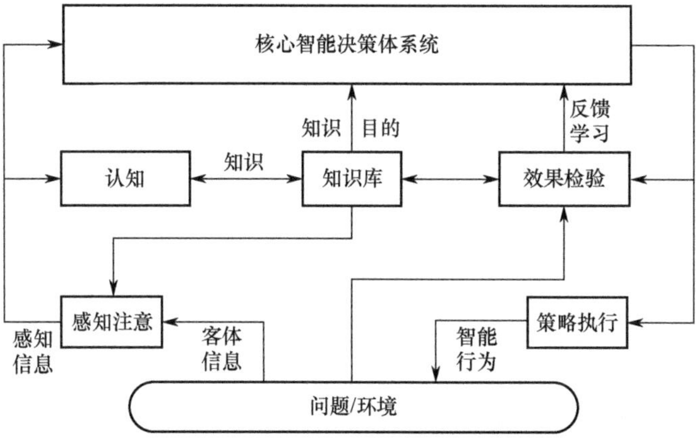

图 3.2　智能化决策生成的一般模型

智能化作战指挥决策的形成，以模拟或模仿人类智能的机器智能为技术前提。这个“技术前提”可以看作是机器智能与人类智能的对等映射。例如，传感器技术等同于人类的感觉器官（如眼、耳、鼻）和神经系统，能够适时获取外部环境各种信息及变化，并根据自己的目的和需要选择注意的目标和信息；网络通信技术等同于人类的传导神经系统，可以把内外部信息传递给各个部位，也可以把决策、指示、命令等指令传递给相应的部位；计算机存储技术相当于人类的记忆系统，能够对各种信息加工处理并分门别类地存储，供检索和决策使用；专家系统和知识库相当于人类的本能知识、经验知识和规范知识等，为生成谋略和综合决策提供依据。事实上，目前也出现了这样的产品和装备，如机器战士、战场机器人、无人战车、水下无人鱼雷探测器、察打一体无人机等，人工智能机器已经实现了部分代替人类决策并执行决策。

3.2 基于数据、算法、算力的决策动力

随着大数据、人工智能和云计算技术的推广，依赖经验与直觉的传统作战指挥决策逐步让位于智能决策，而驱动智能决策不断向前发展的“三驾马车”，则是数据、算法和算力（见图 3.3）。

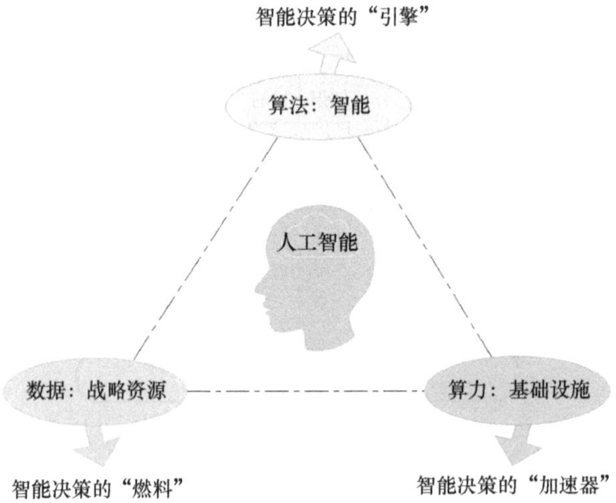

图 3.3 智能决策的“三驾马车”

3.2.1 数据是智能化作战指挥决策的“燃料”

信息技术的蓬勃发展，特别是近十年来互联网、物联网、云计算、分布式处理等技术的不断成熟，使数据成为这个时代的“宠儿”，引起了各行各界的关注。英国学者舍恩伯格在他的著作《大数据时代》中开篇就指出：“大数据开启了一次重大的时代转型。”[51]在军事领域，数据是支撑指挥活动的基石，也是推动决策智能化产生实际效能的“燃料”。

第一，在社会领域，数据所反映的不局限于物理世界和真实世界，还包括人类的意识世界和人类所创造的虚拟世界。在真实世界里，数据是对一切存在状态及变化的描述与记录，数据即代表了物质存在；在意识世界里，数据反映了人类自身的智能反应和意识活动；在虚拟世界里，数据是计算机和网络赖以维持的代码集合体。

第二，在决策领域，数据是沟通战场环境中所有主体与客体的纽带。没有数据便没有信息，失去了信息流通，人与人之间、物与物之间、人与物之间就失去了感知和交互，决策系统也就无法工作，没有决策便意味着没有指挥。对数据进行分析和加工，并得出精准的描述和预测，人类做出的决策才可能科学正确。

第三，在智能领域，机器学习是使机器具有智能的根本途径，而数据是智能系统进化成长的"养分"。没有数据，机器学习的胚胎不可能发育，没有可供它学习训练的数据，机器不可能进化。因为对于智能决策系统来说，"数据—信息—知识—决策"是智能决策生成的基本原理和过程，数据是决策的起点和原料，在决策目标的引导下，从数据中提取信息，由信息归纳为知识，再由知识演绎而成策略。没有数据，决策系统必将陷入僵化、固化，也便失去了智能的特征和能力。

可以说，没有了数据，智能决策就是无源之水、无本之木。大数据时代，机器自主采集取代了传统的抽样调查，许多大数据都可以实时获取。聚合更多的数据源，增加了数据维度，细化了数据的粒度，大数据中蕴藏的大价值，无疑为获取情报和正确决策提供了可靠保证。

3.2.2　算法是智能化指挥决策的"引擎"

算法设计是一个古老的研究领域，自古以来，人们总是对发现更好的目标求解方法充满兴趣，不论是取火、建造金字塔还是对物品进行归类排序。算法是按部就班解决一个问题或完成某个过程，是按照设定规则和程序运行以期获得理想结果的一套指令。[52]算法的表现形式十分简单直接，只要将初始数据信息输入算法程序，运行结果一目了然，其原理与中华传统的"珠算"并没有实质的区别。但严格来说，计算机算法是一个新的领域，一些算法早在计算机发明之前就存在了，但大多数计算机算法的设计需要新的方法和技术，如用计算机语言编程。人工智能算法是驱动型算法，是人工智能背后的推动力量。目前，人工智能算法以机器学习为主流，机器学习是对能通过数据或经验自动改进的计算机算法的研究，主要包括监督学习、无监督学习、强化学习和深度学习等，这些方法各有优缺点，见表 3.2。监督学习方法需要有训练集和测试样本，在训练集中找规律，再对测试样本使用这种规律加以识别，识别结果表现在给待识别数据加上标签，因此监督学习方法需要的训练样本集必须由带标签的样本组成。算法的性能多依赖于训练数据的标注质量，而高质量的强监督标注数据难以获取或代价高昂，且标注数据需求量大，对于缺乏训练数据的任务难以适用，多用于解决分类和回归问题。无监督学习方法需要数据集但不需要标签，也没有确定的输出结果，通常只能用于给数据“降维”和“聚类”，但分类的结果不一定与某种预先分类标签对号。强化学习方法是针对某些只与上一时刻相关的问题，根据本时刻与上一时刻的状态和动作，推断下一时刻某个状态和动作，通过对正确的动作进行奖励，来摸索应对环境变化的最优策略，通过不断地试错，最后找到规律。[53]深度学习方法是根据所有历史数据，推测将来某一事件发生的概率，依赖大量高精度的样本数据且需要严格的理论支撑，从算法实现到工程化应用还有一定挑战。

表 3.2　机器学习分类表

类　别	特　点
监督学习	有标签数据
	有反馈
	预测结果/未来
无监督学习	无标签/目标
	无反馈
	寻找数据中隐藏的结构
强化学习	动态决策过程
	奖励机制
	学习一系列的动作
深度学习	静态决策过程
	历史所有数据
	得到一个新的数据集

应用于军事决策领域的算法，特别是用于博弈对抗情景下的决策算法一般相对较为复杂，它不仅需要算法基于博弈的规则计算出赢得对手的概率，还需要具有一定程度的人的特质，具备处理诸如模糊信息、模糊推理等问题的能力和自组织、自学习的能力。战胜人类世界顶级围棋

选手柯洁的 AlphaGo 围棋程序就是一种机器学习——强化学习算法。据《自然》杂志报道，DeepMind 公司的在一项研究中提出了 MuZero 算法，使 AlphaGo 再度进化，被认为在寻求通用人工智能算法方面迈出了重要一步。[54]美国国防部从实战需求出发，于 2017 年组建“算法战跨功能小组”，其核心职能就是研究人工智能、大数据和机器学习等“战争算法”，以算法解决作战过程中有效信息产出效能低、反馈失误等问题，进而依托“战争算法”建立数据自主分析系统，缩短 OODA 的反应时间。

3.2.3　算力是智能化作战指挥决策的“加速器”

在智能决策技术当中，算力是算法和数据的基础设施，支撑着算法和数据，进而影响人工智能的发展。算力是支撑算法可实现的必要条件，算力的大小代表数据处理能力的强弱，没有足够的算力，复杂的算法就无法工作，就像没有电池的电动机车一样。据中国工程院院士戴琼海介绍，目前的深度学习正在逼近现有芯片的算力极限，算力的底层技术半导体物理与硅制造未来空间会越来越小，云计算、量子计算、存算一体、类脑计算和光电计算将成为未来算力竞争的制高点。[55]

云计算是一种立足网络、把大量数据和应用部署到“云”端去计算或存储，实现随时随地、按需、便捷地使用共享计算设施、存储设备、应用程序等资源的计算模式。“云”就像一个共享的工具一样供人们使用，仿佛插上插座就能接上电一样，只需将终端应用接入云，就可以共享云服务。云计算在信息管理、资源共享方面所带来的颠覆性进展，注定其在新型信息化、智能化战争中拥有广阔的应用前景。在基于云计算的数据处理环境中，各类传感器搜集的战场数据信息通过网络汇总到“云”，依靠功能强大的云计算中心及服务器组承担全部的计算任务，能够在瞬息之间完成对超大规模数据流的处理，实现战场情报实时融合、战场态势实时感知及威胁等级实时评估等。

量子计算是根据量子力学提供的基本原理发展起来的能够应用的新的计算科技。虽然目前量子科技的应用尚处于起步阶段，但未来量子计算机的算力将是现在计算机的亿万倍，目前最快的计算机在一个月内所完成的工作量，量子计算机在瞬间就可以完成。算力方面的毫秒之差就可能带来作战决策或方案的高低之差，算力上的锱铢之别，可能影响的是决策的得失和战场的得失。

3.3 具有定性与定量科学方法的双重优势

定性与定量是科学研究的两种不同方法。定性研究以本体论、个人主观经验和价值理性为基础，注重主体与对象之间的相互关系，具有一定的主观性和相对性，通常用于从整体上理解和判断现象及意义。定量研究以实证主义为原则，注重变量和因素之间的相互关系，强调客观性、科学性，通常用于从理论上解释和演绎现象及趋势。因此，采用定性与定量相结合的方法已经成为科学研究中统一的认识。为改善决策的效用和质量，也应采取定性与定量相结合的方法，才能保证作战决心与作战方案的正确性和科学性。智能化决策方法是一种现代科学决策的方法，它的决策中枢是“人脑+机脑”的结合体，人脑擅长定性的判断与选择，机器更擅长定量的计算与逻辑，这无疑会大大提升作战指挥决策的正确性、时效性和稳定性。

3.3.1 科学求解作战指挥决策复杂系统的问题

作战指挥决策活动是决策者以一定的方法或手段把握决策对象的活动，决策方法是联系决策目标与决策结果的唯一纽带。作战指挥决策活动既有规律可循，又常常打破常规。对于已经掌握规律性的决策问题，可利用现代科学技术对其进行结构化处理，而对于那些非规律性的决策问题，往往只能做半结构化或非结构化处理，这正是作战指挥决策活动复杂的一面。按照钱学森的系统科学思想，作战指挥决策涉及自然科学、社会科学、军事科学等众多领域，属于一种开放的复杂巨系统。实践已经证明，现在可用的、唯一能有效处理开放的复杂巨系统的方法，就是定性定量相结合的综合集成方法，[56]这种科学方法是沟通系统科学与人工智能两大领域的最为广泛的工具，是统一结构化与非结构化问题的唯一办法。就作战指挥决策而言，把主观的经验知识与客观的科学分析结合起来，把定性认识上升到定量认识，把宏观研究与微观研究统一起来，符合作战指挥决策的全局观、辩证观、预测观、重点观和创新观的理念要求。

3.3.2　合理兼顾作战指挥决策结果与决策过程

过程与结果，作为事物变化发展的形态，互为因果，相依而存。正如马克思所说："过程决定结果，结果反作用于过程。"现实经验告诉我们，缺乏发展中间状态的过程往往结果也虚无缥缈，脱离实际；不考虑最终结果的中间过程，容易信马由缰，远离目标。对于作战指挥决策活动来说，决策过程与决策结果同样重要，缺少任何一方，另一方都难以成立。没有严密充分的态势分析、情况判断过程，决策毫无根据；没有科学准确的方案构想和评估体系，决策不会正确。科学决策的根本就是以科学理性的态度和方法进行分析、判断和决定的，运用定性与定量相结合的方法是进行科学决策分析和确保决策科学正确的根本保证。1948 年济南战役即将胜利结束时，粟裕判断"目前敌极混乱"，援济邱清泉兵团刚刚自商丘以北向曹县、城武间地区北进，而黄百韬兵团尚未完全集结，李延年兵团尚在固镇及其以东地区，此时中原地区，有我华东野战军 3 个兵团 15 个纵队 40 个师（旅）共计 36 万人，中原野战军 7 个纵队 19 个旅共计 15 万人，地方部队 7 个独立旅、数十个军分区，共计 9 万余人。敌刘峙部 8 个兵团 31 个军 78 个师又 17 个独立团及 1 个空军大队共计约 80 万人，敌我兵力差距不大，且我军兵力越打越多，敌人兵力越打越少。为防止敌人停止北援，更好地改善中原战局，为将来渡江创造有利条件，以及便于华野进入陇海路以南作战，粟裕向军委提出建议，进行淮海战役，攻占两淮和海州，歼击援敌，使敌不能南窜。此后，随着形势和战况的变化，军委先后采纳华东、中原野战军首长的多次建议，统一筹划，使淮海战役发展成一次大规模的以徐州为中心的战略决战，成为解放战争时期三个具有决定意义的最大战役之一。在现代战争的广阔战场上，密集地运用了人类最先进的科技产品，使得战役或战斗更加具有战略性质，交战各方在对战役的预测、运筹和塑造上比以往任何时候都复杂。定性与定量相结合，可以根据不同的作战目标、不同的作战方向、作战阶段和作战对象，运用不同的决策方法，形成不同的行动方案，在各种方案的差异中对比优化出最佳方案。作为指挥筹划未来智能战争的战役或战斗指挥员，只有学会综合运用定性与定量相结合的决策方法，才能制定出兼具科学性、预见性、创造性和可操作性的方案。

3.3.3 有效解决人因影响导致的理性不足

理性，并不是人类的特有天赋，而是信念、文化、心理等多种因素作用形成的产物。姜鑫博士在其书中对军事对抗决策过程的复杂性进行了研究，他认为，在影响决策者行为和决策效果的诸多因素中，人因复杂性是最重要的因素之一。人因复杂性来自局中人（代表参与对抗的各方）的决策与行为的正确性和合理性，并依赖对未来环境的判断，以及决策与行为对这种环境的适应性，同时未来环境又是由各局中人的决策与行为所共同塑造的。[57]在博弈框架下的决策者，只能基于不完全信息条件进行决策，其决策行为和决策效果会形成循环依赖，导致局中人共同的知识和理性假设失效。也就是说，在应对充满不确定性的作战环境中，决策者必须在控制风险可接受的前提下，寻求最大化的效益，即追求决策理性。近代数学理论、运筹理论、逻辑理论、计算机科学及人工智能为作战指挥决策提供了多种理论方法工具，如专家系统法、规则推理法、神经网络法、贝叶斯法、有限状态机法、遗传算法、混合推理法等具有智能特色的算法使作战指挥决策步入了科学的理性之轨。

3.4 以高度自组织为表征的全新系统框架

凡系统必有结构，凡行动必有组织。作为动词的“组织”指揭示事物如何运动的机制和机理，是系统秩序从无到有的形成过程，也是系统抗衡内外扰动以维持功能正常发挥的行为过程，还是系统从一种结构状态向另一种结构状态的演变过程。如果一个群体、集合或系统存在一种作用能够建立秩序、维持秩序或升级秩序，那么这种作用就是组织力，这一过程就是组织过程。在组织过程中，分为组织者与被组织者，组织者有组织力，是控制指令的发出者，而被组织者是指令的接受和执行者。从系统科学的角度考察，如果系统中个别组分成为组织力的专有者，它就是整个系统的组织者，其余的仅仅是被组织者，这种系统就是“他组织”系统；如果系统中组分在地位和作用上处于相对均衡，即没有专职的组织指挥者和被组织者，而是由所有组分共同发挥作用形成、维持、发展系统结构，那么这种系统就是“自组织”系统。两者最大的区别在于，自组织系统的结构、模式、形态及其所呈现的特性、行为、功能，不是由系统中单一要素所固定下来的，而是组织的产物、组织的效应，是通过诸多要素自适应或自发作用而整合起来的。通常情况下，描述一个系统自组织程度高，意味着系统中各种要素或组分相互关系更紧密，系统运行得更有秩序。

由此可见，自组织是有机体的重要特征和功能，是系统自行提高其组织化程度的能力和过程。宏观上，宇宙中所有生物的诞生、发育、成长过程都是典型的自组织过程；微观上，任何有机生物细胞中的神经系统也都是典型的自组织系统。作为复杂系统的特性之一，自组织在智能化作战指挥决策系统中表现非常突出。

3.4.1　开放的信息环境是自组织的必要条件

人工智能区别于其他任何一种科学技术的主要核心价值在于它的自我学习和进化能力。在智能化决策系统中，信息不仅是激活智能算法的原料，也是使系统构成要素铰合在一起的唯一变量。依据信息论原理和系统控制论原理，信息是一种用来消除不确定性的“负熵”，系统信息增加意味着信息有序度的增加，系统信息熵与系统有序度之间的函数关系是：

$$\gamma = 1 - \frac{H}{H_{\mathrm{m}}} \tag{3-6}$$

式中，γ 表示系统的有序度；H 表示系统自组织过程中的信息熵；H_{m} 表示最大熵。显然，$0<\gamma<1$，当 $\gamma=0$ 时，表明系统完全无序，当系统信息增加时，系统的有序度增加，即

$$\frac{\mathrm{d}\gamma}{\mathrm{d}t} > 0 \tag{3-7}$$

在自组织系统中，信息熵 H 和最大熵 H_{m} 都是时间的函数，那么将

式（3-6）代入式（3-7），可得：

$$H\left(\frac{\mathrm{d}H_{\mathrm{m}}}{\mathrm{d}t}\right)>H_{\mathrm{m}}\left(\frac{\mathrm{d}H}{\mathrm{d}t}\right) \tag{3-8}$$

式（3-8）说明两个问题：

第一，最大熵 H_{m} 由系统的规模（可能状态）决定，$\frac{\mathrm{d}H_{\mathrm{m}}}{\mathrm{d}t}>0$ 代表系统不断增加状态和元素，结构不断在壮大，即自组织的表现。

第二，$\frac{\mathrm{d}H}{\mathrm{d}t}<0$，代表系统信息熵减，信息量增，说明系统在通过学习不断从外界获取信息，这也是自组织。

依据系统原理，封闭系统不可能出现熵减行为，因此也不会产生自组织运动，只有与外部环境有信息交换、能量交换的开放系统才可能产生自组织运动。当然错误的信息交换也有可能带来系统熵增，导致系统有序结构瓦解，因此，只有以正确的方式从外界环境中吸收信息与能量，才能使系统出现熵减，系统的自组织特性才会出现并维持系统健康运行。

事实上，智能化作战指挥决策是由人、机、环境交互构成的复杂系统，在这个系统中，人的主观能动性与机器智能叠加，使系统以正确的方式从环境中过滤和吸收正确信息的能力越来越强，进而推动系统的自组织能力不断加强。人工智能专家预言，如果将来人工智能可以逼近人类智能，那么这种保持系统正确开放的自组织能力也会越来越强大，有望实现决策“无人化”。

3.4.2 融合的人机协作是自组织的可靠支撑

作战指挥决策层的人机“混搭”是人工智能应用于作战指挥领域的里程碑。从认识论角度来看，认识是决策的前提和基础，决策是认识的客观反映和结果，认识决定决策，决策反映认识。决策方案的形成是联结决策主体与决策对象的纽带，是从认识到实践的飞跃，是从理性抽象到理性具体的飞跃。[58]从历史角度考察，任何工具的产生都是为了帮助人类实现能力所不及的目的，智能决策的出现同样是人类为了能够驾驭未来战争，适应并满足智能化条件下全域作战的现实需求。

3.4.2.1　人机协作改善决策主体的认知水平

指导战争离不开科学的决策，科学的决策离不开正确的认知。科学的决策需要决策认识主体通过合理地分析并做出理性的选择而实现，但其中亦有大量主、客观因素的影响。主观上，决策者的价值导向、军事素质、情感情绪、直觉灵感等因素都是影响和决定决策认识的关键。客观上，决策者所处的环境必然影响决策认识的广度和深度，这些影响或大或小、或好或坏，但都不可低估，因为认识上细微的偏差都可能引起“蝴蝶效应”，造成结果的巨大变化。

战争的复杂性和不确定性不断攀升，人类将人工智能技术引入作战指挥决策领域，也是为了弥补人类自身认知水平的缺陷与弊端，利用技术的“辅人”和“去弊”功能，改善作战指挥决策的科学水平。或者说，人工智能技术是在决策者和作战环境的关系中解放人类的力量。北京邮电大学刘伟教授提出了“人—机—环”三元交互的人机融合智能概念，他认为，人机融合智能是由人、机、环境系统相互作用而产生的新型智能形式，它既不同于人的智能也不同于人工智能，而是一种物理性与生物性相结合的新一代智能科学体系。[59]

在智能化作战指挥决策系统中，人机融合通过结合人类智能、机器智能的优势从而达到人机互助、互补。在输入端，将人的主观信息、先验知识与传感器采集的客观信息有效结合，形成一种新的输入形式；在智能融合处理过程中，将人的认知方式与计算机算法融合起来，构建起一种新的理解路径；在输出端，将人在决策中体现的价值判断效应与计算机算法迭代运算结果相互匹配，形成有机的、理性的、科学的、相互协调的优化判断（见图 3.4）。我们知道，有机必然带来生命力，生命力是自组织的象征。未来，在复杂环境中人类认知容易受限的情况下，智能机器可以通过脑机接口技术对人类大脑活动信号进行复制、转移和增强，脑神经科学家期望通过系统分析实现将人的先验知识与经验打包迁移。届时，人机融合认知有望开辟更深远、更广阔的空间。

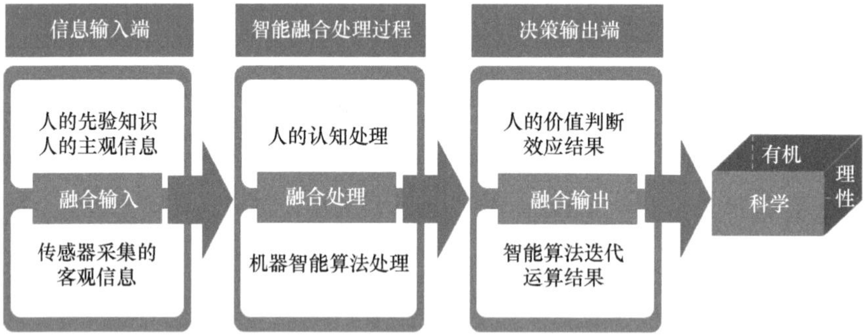

图 3.4　人机融合智能

3.4.2.2　人机协作提高决策过程的工作效率

智能化作战指挥决策系统是具有一定有序程度的自组织系统，这种“秩序”是由人机互补产生的。在人与机器混合编组中，人与机器有各自擅长的工作和特点。计算机与智能系统适合需求明确、问题固定、边界清晰的计算和验算活动，且计算机具有运行速度快、稳定性强、计算精度高、存储量大、可重复操作等特点。此外，机器智能的判断、决策过程可保存、可迁移、可复盘。人类较适合从事归纳、推理、判断等基于思维和认知的活动，具有一定的灵活性和创新性。但同时，人容易受到客观环境、主观意志和利益诉求等因素的影响，具有一定的脆弱性和不稳定性，且由于人的生理机能承受力有限，容易出现疲劳、恐惧等冲击人类生理与精神极限的可能。因此，人机协作能够实现能力的互补，根据人与机器的特点和任务的特点进行分工，制定相应的人机协同规则或机制，使人与机器发挥各自优势，密切配合，达到时间上同步、活动上并行、能力上互补。

随着智能化水平的不断进步，人机交互手段的不断提高，作战指挥决策系统内在的自主性机制将重塑决策系统外在的整体性。未来将出现人机自主融合的场景，即在统一的数据环境、统一的目标驱动下，由算法程序来分解决策任务，整合人机资源，并通过大量的机器学习训练使人机融合组织的有序度不断提高。当战场态势发生变化或作战进程需要转换时，可根据作战任务的需要，将决策系统内部分属不同层级、不同单元、不同回路的决策人力资源和智能资源进行统筹和快速重组，聚优赋能、聚优释能，生成多样化的具有自适性的决策回路，加速决策资源的互通、互融以缩短 OODA 周期，最大限度地发挥体系优势。

3.4.2.3　人机协作增强决策主体的生存能力

以人工智能技术为代表的军事智能广泛发展，智能传感、万物互联使战场的空间感、距离感越来越模糊，大量具有高超声速、高度隐身、精确制导性能的先进武器作用半径不断刷新纪录及电磁干扰、网络攻击手段的泛滥，对指挥机构乃至指挥体系的安全造成了极大威胁。

在信息化战争中，组织指挥所通常以便于指挥、便于机动、便于隐蔽为基本原则，依据部队担负的作战任务、作战地域的地形条件，以及敌人的活动、距前沿的距离等情况来选择指挥所的配置位置，指挥所内部各要素的编组与配置，也应在利于指挥和生存的前提下，力求隐蔽、疏散配置，便于防护和加强管理。20 世纪 90 年代初，俄军曾利用机动式指挥信息系统做过试验，结果显示，在中等对抗情况下，一个指挥所在一地连续工作 32 小时以上，生存概率仅为 35%；在一地停留时间每减少 1 小时，生存率可以提高 2.7%；而在一地工作不超过 8 小时，生存概率可达 90%以上。在现代条件下，位置经常变换的指挥所，被敌侦察发现的概率会明显降低，生存概率将有效提高。

人机协作模式就其本质来说是由机器分担或承担一部分本应由人来完成的工作，它是一种由技术进步而带来的对生产力的提高和劳动力的解放。首先，从规模上看，以一个军级基本指挥所为例，通常情况下编成大概需要百余人，数十辆/台车，如此规模的指挥所无论是机动还是生存都有一定的困难。如若遭遇风险或不测，损失代价必然十分惨重。未来，利用人工智能技术，由机脑代替人脑，像侦察情报、综合计划、指挥控制等工作量较大的指挥要素无须编配多组多席，而采用智能算法或人工智能系统替代部分人力，可以将指挥所编成大大压缩。其次，从空间上看，指挥所的配置位置也无须固定。在智能化战争中，作战地域极限拓展，防区外打击手段不断丰富，数十千米的防范距离对于飞行半径几千千米的精确制导武器来说，等于形同虚设，最理想的办法则是取形态的变化代之以距离的变化，即以无人代替有人。如此一来，将作战指挥决策机构无形化、集成化、前置化搭载在无人平台上，既可按需灵活转移，又可减少人员伤亡。事实上，功能型自主决策模块目前已嵌入作战平台或武器系统，无人巡航跟踪、自主攻击早已屡见不鲜。

3.5 全新范式推动作战指挥决策效能全面提升

3.5.1 智能+数据=情报自洽研判

无论是业已峥嵘的信息化战争形态，还是迅速推进的智能化战争形态，数据无疑是克敌制胜的法宝。形形色色的传感器像无数双眼睛一样全天候监视着战场上的变化，随之而来的，将是产生的海量作战数据资源，既可能是情报的来源，为作战指挥决策提供可靠依据，又可能是武器化的数据，将决策者引入错误的方向。

自洽，简单来说是指按照一定的逻辑推演，自己可以证明自己不是错误的或不是矛盾的。对于科学研究尤其是理论研究来说，遵循自洽性就是理论与实践的相互检验或相互印证，不能满足自洽性的理论或方法显然是不攻自破的。在逻辑与事实之间，肯定存在可以证实或证伪的“证明”，而这个证明就是情报。毫无疑问，战场上如果情报不足、不准、不及时，必会带来致命的结果。情报工作其实质就是为原有逻辑找出“证明”或发现新的逻辑。换句话说，情报处理是一种理论或方法的自洽过程，要么遵循原来的自洽，要么根据新的需求，破旧立新，进入新一级的自洽。

现代战争中的信息爆发式增长，给指挥员及参谋团队带来了不小的压力，仅仅依靠人工是难以处理的。资料显示，自“9·11”事件以来，仅源自无人机和其他监控设备的数据量就增长了 16 倍；美军分布式通用地面系统每日采集的视频流超过 7TB；空军每天收集的情报侦察视频时长约 160h。[60]除带来激增的工作量以外，数据还具有“超复杂、高威胁、强对抗”的突出特点。具体来说，“超复杂”是指数据来源广泛，陆、海、空、天、电、网多个时空，体量庞大、多样性明显，非结构化、真假混杂，数据关系复杂，数据价值密度小。“高威胁”意味着数据面临敌方的侦察窃取，或遭敌“软”“硬”攻击后产生的系统漏洞和泄密失密，数据的可用性削弱或数据被篡改丢失的风险极大。“强对抗”则意味着“战争迷雾”现象普遍存在，真假数据错综交织，数据伪装和数据欺骗的手段越来越高超，对数据的甄别能力要求极高，信息获取和反获取手段的博弈对抗日益加剧。显然，在空间多维、力量多元、变幻多样、节奏加快的智能作战背景下，参谋团队有效处理和管理数据面临着智能不足的挑战和瓶颈。在人类能力鞭长莫及之处，计算机可以精确地存储数以亿计的信息，还可以在不到 1 秒的时间内从数亿条存储中检索一个数据库并随时共享知识库。如果把一台智能水平与人类智能相当的机器与电脑在速度、精确性及存储共享能力方面的优越性能结合起来，那么工作效率一定事半功倍。

借助基于计算机技术、数据分析技术的智能辅助决策系统，可以实现“以软补硬”的效果。通过构建数据处理算法模型，发挥机器超强计算能力、超长续航能力、超大存储能力的特长，将大大提高数据融合的速度和精度，实现对数据的精算、细算和深算，有助于拨开战争迷雾，透视战场态势发展变化，辅助指挥员及参谋团队展开多级筹划和快速决策。2017 年，美军就曾借助数据算法，利用计算机视觉和机器学习技术，分析对“伊斯兰国”恐怖组织数千小时的监视图像，极大地节省了处理时间和人力资源。

3.5.2　智能+目标＝方案自动拟制

智能化技术在作战指挥领域的另一突出贡献是分阶段赋能作战指挥信息系统。数十年来，指挥信息系统建设由最初的军兵种独立开发、跨军兵种融合到一体化系统集成，成果显著。当前，指挥信息系统的信息化建设已经进入集成化、一体化阶段，以网络为中心的第四代指挥信息系统已经被广泛运用，[61]已经具备在复杂作战条件下的态势融合、作战指挥决策和行动控制等能力，并具备良好的可靠性和时效性保证，但在完成复杂任务自主性能方面，还存在一定缺陷，下一代指挥信息系统即将引入人工智能单元，以弥补其自主性上的不足。随着数据工程建设、信息处理技术、网络与通信技术、可视化技术等的逐渐成熟，推动以网络为中心的面向信息化作战的第四代指挥信息系统正在向面向智能化作战的第五代指挥信息系统过渡，自主态势感知、自主决策优化、自主生成计划及人机交互等混合智能使指挥信息系统逐渐向脱离人介入和操控的趋势发展。

DARPA 牵头的“深绿”项目是起步较早、取得成果比较突出的智能化指挥信息系统。[62]“深绿”集成了指挥官助手、“水晶球”、“闪电战”和作战指挥系统四个部分，其中指挥官助手设计有智能化人机接口，并按照“草图—决策—计划”的设计流程，最大限度地与指挥员决策分析的操作习惯相吻合。在人机接口的输入端，只需要输入指挥员手绘草图和口述的想定计划，系统便可以将图像和语音转换为结构化的机器语言进行理争。“水晶球”通过嵌入模型更新战场实时信息并生成评估结果，“闪电战”模块对多种可能的态势进行仿真，最终生成多种作战方案。“深绿”计划是基础性的、探索性的，也是突破性的。它推动了从数据到认知、从认知到决策的无人化，彻底改变了人与系统的交流方式。

未来战争可能在陆、海、空、天、电等多个领域同时展开，可能需要在实现多个目标的前提下达成整体作战目的，因此，不仅要注重作战方案的科学性，还应注重方案的可操作性和可调整性。一套科学的作战方案离不开对作战任务的正确理解，一次完美的作战行动离不开目标与效果的滚动校验。基于目标的智能化决策，将利用大数据提供一切可能的信息，为智能算法演绎推理提供输入，辅助参谋团队深入准确地分析作战任务和作战环境，包括作战环境对作战行动的潜在影响，对手的实力和强弱点，并描绘对手潜在的行动方案。在指挥员的指导下，系统将以上级的战略指导和本级的战术指导为求解问题的边界和框架，分析并确定作战限制因素，明确任务标准，借助智能算法完成事实—假定—求解的过程，生成结构化的作战方案和评价指标。依靠智能化作战指挥决策系统可能实现作战任务智能理解、方案智能生成、风险智能预测与排除，有效支撑智能化联合全域作战。

3.5.3 智能+评估=风险自行优化

作战方案评估是作战筹划中的关键环节，也是确保决策正确、夺取战场主动的必要环节。智能化全域作战是基于信息系统、自主系统的复杂体系对抗，涉及要素众多，动态关联性强，对决策的灵活性、可执行性和可调整性要求极高。为了科学地、创造性地实现上级的作战决心，必须对作战方案的预期作战效果、可行性及风险规避等级进行论证和评估。

作战方案的定位是作战构想和作战计划之间的中间产品，是依据指挥员的作战构想，对作战进程和战法的具体设计。作战方案评估用于对多个作战方案进行分析，发现各个作战方案可能存在的问题，并提出优化建议，辅助指挥员优选方案。目前，用于作战方案评估的方法主要有专家评估法、沙盘推演、兵棋推演和作战仿真模拟法等。专家法主要采取层次分析方法和模糊方法构建指标体系，并对指标体系赋权，指标层次与权重由专家界定，所以方案的评价矩阵由专家经验得出，定性的成分居多，指标颗粒度过粗。沙盘推演和兵棋推演均属于简单的博弈推演，虽然侧重于过程性的、定量性的评估，能够查明作战方案的强点、弱点和相关风险，但如果规则制定与实际情况不符，或动态性不强，将改变推演结果的走向。此外，如果局中人较多，沙盘和兵棋在复杂度方面也会表现得捉襟见肘。作战仿真模拟法是通过建模仿真的手段建立仿真模型，通过研究模型的仿真过程和仿真结果，得到评估结果。[63]其优点是实践性强，可以进行反复试验，设定不同的条件参数得出概率分布；缺点是随意性大，加之评估对象的指标量化难，模型的抽象和设计相对简化等原因，容易导致仿真脱离作战实际。

作战方案评估，包括对作战环境及敌方行动变化的预测，分析判断己方作战行动的风险，它既是一门艺术，也是一门科学。目前，很多学者和研究人员致力于利用人工智能以人机结合的方式进行作战方案评估，这种智能化的评估方法优点十分明显。

1．可以利用开源大数据进行分析

数据之“大”，可以涵盖所有作战资源，理论上可以覆盖全维全域战场，而不仅仅是针对局部目标、特定阶段或具体行动，能在宏观和微观的矛盾中把握方案的科学性与关联性。数据之“全”，有利于机器学习算法抽象出更加符合作战实际的仿真模型，能够在方向上对作战方案进行整体把握，确保方案不脱离实际、不偏倚失真。

2．可以快速对接作战方案

方案的优劣体现在如何实现上级作战意图和关切，方案不同则代表完成任务的路径不同、方法不同。智能化评估可以根据作战企图和作战构想灵活设置或调整算法，分别从作战流程、作战任务、作战协同、作战效果等多角度考察方案的时效性、正确性和稳定性，只需要在源头上调整算法及变量参数，就能减少许多评估准备的工作量，大大节省了人力、物力和时间。

3．可以在评估中掌握对手认知

作战方案评估的对象有两个：一个是己方作战方案，另一个是敌方的预想方案，[64]两个方案是互为基础、互相制衡的关系，而且在作战过程中，战场态势随作战行动的发展时时刻刻发生变化，方案要及时跟进、及时修正，方案评估也应同步推进。智能算法不仅能以实时或近实时、滚动迭代的方式敏锐地找出漏洞，还能从敌人方案及行动中发现并分析敌人的作战理念和规律，进而上升到在认知层面的较量，洞察了敌人的思维，也就控制了敌人的行动。

综上，“智能+评估”是严密的、量化的、综合的、创造性的评估，可高效地分析达成作战目的的可能、有效遂行任务的可能、毁伤及损耗的可接受性等问题，并在发现问题、分析问题的同时，提供解决问题的办法。

3.5.4 智能+授权＝行动自主调控

现代战争在行动样式上颠覆了人们的认知，远程智能遥控、无人智能集群等新颖的作战手段与技术完全重构了战场形态、作战力量和作战样式，为战争贴上了新标签。

1．智能遥控指挥精确斩首

2020 年 1 月 3 日，美军“导演”了一场远程刺杀行动，将伊朗高级将领苏莱曼尼斩首。这次任务的主要由美军“MQ-9”无人机（号称“死神”和“收割者”）完成，从锁定目标、全程跟踪到最后找准时机自主发射“地狱火”导弹，整个过程人都在回路外。2020 年 11 月，以色列成功暗杀伊朗首席核科学家，从发现目标、判断目标、跟踪目标到执行射杀，全部由隐藏在汽车内的智能卫星系统、人脸识别系统、自动控制机枪来完成，而指挥官和政客们只需站在指挥链的最顶端观看直播画面。类似这样的远程控制、远程刺杀、精确斩首不但可以有效摧毁敌指挥体系，还能以最小的代价制造恐慌，摧毁对手的意志。

2. 智能算法操控无人集群作战

最近几年，集群作战已崭露头角，遍布于陆地、水下和空中。智能化集群装备先天地带有许多突出优势，功能性更多、自主性更优、时效性更快、抗毁性更强、经济性更好、依赖性更小等，可用于侦察探测、战术骗扰、火力突击、全域攻击、协同联合等行动。集群系统是由大量不同类型和功能，具备自主决策控制能力和交互能力的智能体组成的智能系统。作战集群仿真由自然界中的生物聚集而生，在集体层面上呈现出的有序协同运动和行为，是一种多智能体仿真模型，群体系统中的每个个体都具有一定的自主能力，包括信息传感、路径规划、障碍规避、姿态控制等。无人集群作战可以大幅突破传统部队在作战时域和空域的限制，利用去中心化群体效应完成多样化作战任务。如果大量集群再聚集，再强大的防御系统恐怕也无能为力。在作战中，个体可简单也可复杂、可同类也可异类，每个个体都为不同任务进行设计和优化，但都作为单一战场实体进行控制与协调。分布式集群控制和自组织群体智能是实现集群作战的核心，也是集群作战概念的技术起点。智能涌现是集群作战发挥效能的关键。

本章小结

本章以全新的视角剖析了智能化作战指挥决策五个层面的主要特征。第一，从信息科学的视角诠释了决策生成机理；第二，从技术支撑的角度分析智能化作战指挥决策核心驱动因素，即数据、算法与算力；第三，从方法论的角度辩证地阐述了智能化作战指挥决策的定性与定量相结合的综合优势；第四，从系统论的角度解析智能化作战指挥决策系统的系统框架与自主特性；第五，从决策活动具体内容分析人工智能辅助决策所发挥的巨大作用。

第4章

智能化作战指挥决策构成要素

研究智能化作战指挥决策的深层次问题，必然以分析和抽象智能化作战指挥决策要素为起点。要素是抽象的，是为研究某一具体活动而抽象出的概念。研究作战指挥决策必须从作战指挥决策要素出发推及要素之间的联系与作用，寻找、分析和改善作战指挥决策运行的动因，才能推动作战指挥决策变革发展。要素是客观的，作战指挥决策要素是构成作战指挥决策系统的基础，是作战指挥决策系统得以形成和运行必须具备的条件，它客观存在于作战指挥决策活动之中。要素是相对独立的，虽然从表现形式上，所有决策结果都由作战指挥决策系统输出，但在根本上由作战指挥决策要素相互作用、相互影响才产生了决策结果。所以说，作战指挥决策得以发生、运行、生效，离不开作战指挥决策要素的相互作用与影响。

4.1 智能化作战指挥决策要素的构成

众所周知，系统是自然界物质的普遍存在形式。现实中，任何一种物质都处于某种系统之中，没有脱离系统而存在的物质，也没有脱离物质而存在的系统。换言之，任何一个系统都必然有与之对应的要素、结构和功能。研究系统的问题不仅要知道它的组成部分（要素），还必须知道它们之间的关系，因为系统的性质取决于系统内部要素之间特定的关系。同样，作战指挥决策是战争的产物，是人类主观意愿和实践与战争客观条件矛盾运动的结果，是作战指挥决策者借以将主观愿望或意图转变为客观现实的一种手段。作战指挥决策系统，是为达成作战目的、借用一定手段、通过一定活动建立起来的系统。因此，我们研究作战指挥决策活动，必须从作战指挥决策系统着手，研究智能化作战指挥决策问题，必须从智能化作战指挥决策系统开始，搞清楚智能化作战指挥决策系统包括哪些要素，它们之间的作用关系及运行机理，进而分析智能化作战指挥决策活动的特点，总结智能化作战指挥决策活动的规律。

4.1.1 对作战指挥决策要素的相关认识

目前，在对作战指挥学领域的基础理论研究中，对作战指挥决策要素有不同的认识和理解。

海军指挥学院史越东教授认为，作战指挥决策要素有四个，即决策者、决策辅助人员、决策工具、决策信息。[65]其中，决策者特指军队指挥员，决策辅助人员指除指挥员以外的指挥机关，决策工具指用来处理信息、作战计算、作战模拟的指挥信息系统，而决策信息则包含命令、指示、敌情、我情、环境信息等在内的系统输入和输出。

军事科学院于长海教授认为，军事决策包括七个基本要素：决策三基元（敌、友、我）、决策环境、决策主体（含决策者和决策机构）、决策信息、决策对象、决策理论及决策结果，[66]缺少其中任意一个要素，都无法构成完整的军事决策系统。他指出，军事决策系统是一个开放的系统，敌、友、我是考虑战争问题不可或缺的客观基础，分清敌、友、我的对应关系是进行正确决策的前提。决策环境是决策系统与外界交换信息并赖以发挥效能的制约和影响条件。决策主体有时表现为个人，有时表现为集团，以个人出现的称之为决策者，以集团出现的称之为决策机构，通常在预有准备的军事行动中，决策机构起主导作用，在偶发事件或不确定性事件出现时，个体决策者的作用更加突出。他还指出，决策信息不仅是信息实体，还包括由计算机、网络及其他电子终端设备构成的信息系统，决策对象是决策主体可能施加影响的客体，决策理论是支撑决策主体做出科学决策的指导思想和方法，决策结果等同于决策活动的唯一目标——最佳决策方案。

陆军指挥学院江林教授认为，作战指挥决策系统主要包含五个基本要素，即决策者、决策对象、决策信息、决策机制、决策组织。其中，决策者包括指挥员和指挥机构的参谋人员，他们在决策系统中占主导地位；决策对象指决策者所拥有的兵力兵器和可调拨的作战资源，特指硬条件；决策信息是服务于决策的各类指挥信息，特指软条件；决策机制指决策者实施决策所运用的理论和方法；决策组织指安排决策活动分工、完成决策流程的过程。

国防科技大学张维明、黄金才团队在其所编著的《指挥控制辅助决策方法》一书指出，决策是发现问题、研究问题并解决问题的过程，因此，决策系统主要由决策者、决策目标、决策方案、决策环境和决策过程五个要素构成。[67]决策者是决策行为的发出者，它既可以是个体，也可以是群体；决策目标是决策者的期望；决策方案是决策者实现目标的手段，也是决策者选择的对象；决策过程是从发现问题到解决问题的活动过程。

以上观点虽各不相同，但都为研究作战指挥决策系统的结构提供了理论基础，具有十分重要的指导价值。事实上，出于不同的研究目标，从不同的层面和角度对决策系统进行考察，构成要素表现各异，但其性质殊途同归。如果从系统科学的角度思考这个问题，或许可以超越学科、文化，甚至可以跨越历史。

4.1.2 作战指挥决策四要素的结构

系统科学中关于“系统”的定义有两种。一种是在基础科学层次上定义：系统是相互联系、相互作用的诸要素的综合体。[68]另一种是在技术科学层次上定义：系统是由相互制约的各部分组成的具有一定功能的整体。[69]两个定义都肯定了系统的整体特性，略有差别之处在于，后者强调了系统的功能特性，而前者强调的是要素之间的相互作用和综合作用。从定义来看，系统需要具备以下两个基本条件。

一是包含两个（以上）不同要素（对象）；

二是要素（对象）按照一定方式相互联系在一起。

此外，基于系统科学的经典定义考查“基本要素”，还应注意两点：其一，基本要素应该是系统不可或缺的组成部分；其二，基本要素之间应相对独立，互不包含。因此，本书认为，构成作战指挥决策系统的基本要素有四个，分别是决策主体、决策对象、决策信息、决策机制。

1．关于决策主体

任何决策都是为了追求和实现一定的目标，没有目标的牵引，决策过程可能漫无目的，找不到正确的归宿。在自然界中，只有具备主观能力的智能体才会产生目标、追求目标，主体正是主观能力的体现者。毫无疑问，任何决策都要与决策主体发生必然的联系，这是决策活动中最基本的一个事实，切断或取消这种联系，决策活动既无从谈起，也无法正常进行。决策主体是决策系统主观能力的体现者，也是决策目标的制定者，有时以个人的形式出现，有时以机构或组织、团队的形式出现。就作战指挥而言，决策主体是指包含指挥员在内的指挥机构。指挥员，是筹划作战行动的牵头人，是作战指挥决策活动的主导者，是在作战进程中拥有“拍板”权限的人，也是承担决策风险的责任人；指挥机构中的参谋人员是辅助指挥员决策的助手。

2．关于决策对象

“对象”是一个相对抽象的概念，表面上看，任何事物都可以作为决策对象。实则不然，决策对象必须有明确的边界，只有那些对决策主体的行为发生响应或决策主体可以控制、调节的对象，才可称之为决策对象，如时间与空间、地形与气候，往往不随人的意志而发生改变，就不能作为决策对象。决策对象可以是人，也可以是物，可以是有形的，也可以是无形的。对于本书来说，决策对象是指决策主体可以施加影响的对象，包括己方拥有的作战人员、武器及其他相关的作战资源，特殊情况下，也包括对手。例如，博弈的棋局中，决策对象既包括己方的棋子，也包括对弈者；在现代战争中，通常主张开辟舆论战、心理战等“第二战场”，便是己方决策主体直接施加影响于对手直达目标的一种手段，这时的决策对象就是对手。

3．关于决策信息

信息是动态系统运行、变化、成长的必要条件，没有信息，就不能知己知彼，无法生成科学的决策产品。广义上的信息，反映了客观存在的内部结构、运动状态及其变化方式，无论认识主体存在与否，信息都是存在的。狭义上的信息，是 1950 年 Wiener 在《控制论与信息》中提出的概念，特指用以减少随机不确定性的东西，也称为“负熵”，这也是目前最为广泛认同的关于信息的解释。本书中的决策信息就属于狭义的信息，它的属性是用来减少作战过程中不确定性的能量流，其表现形式为系统的输入与输出，而它的作用是辅助决策。

4．关于决策机制

《现代汉语词典》中对“机制”的释义为“一个工作系统的组织或部分之间相互作用的过程和方式”[70]，比较常见的有市场机制、竞争机制、奖励机制等。在系统目标明确的情况下，确立什么样的机制，决定了采取什么样的理论与方法、组织什么样的活动。机制的建立需要体制和制度作为保障，体制用来明确、调整组织职能和权责，制度用来规范方式方法和规定约束界限。由此可见，机制不仅是理论层面的，还包括执行层面的。决策机制是在正视决策系统各个部分存在的前提下，协调各个部分之间的关系，以更好地发挥作用的具体运行方法，它通过一定的决策理论指导、决策组织方法和决策活动过程而体现。科学合理的决策机制不应是静态的，而应是动态的。

综上所述，决策主体、决策对象、决策信息、决策机制四者既存在一定的联系，又相对行使独立的职能。在它们的共同作用下，体现出决策系统的整体特性和功能特性，它们互为支撑，缺一不可，是作战指挥决策活动正常进行的充分必要条件。这里还需要说明两个问题。第一，对于任意一个要素切不可孤立地看待，还须以辩证思维去认识各个要素之间的相对性。例如，由于系统的层次性，某一个决策系统中的决策主体，可能是另一个决策系统中的决策对象；决策信息不仅仅是处于流转中的显性的字节和波形，那些已经固化的先验知识和经验直觉也是一种隐性的信息。第二，为什么决策工具不是构成决策系统的基本要素？因为工具本身就是用来“辅人”的，是利用身外之物来满足扩展主体能力的需求，这是工具产生和发展的本性和使命。有了决策工具的辅助，可能会改变做决策的速度和质量，但没有决策工具，一样可以做出决策。也就是说，能否做出决策及决策的好坏，与是否使用决策工具并无必然关系。

4.2　作战指挥决策四要素的智能化跃迁

智能化指挥变革，首先始于智能化技术对作战指挥各要素的影响。[71]人工智能技术迅猛发展推动作战指挥决策系统各要素发生嬗变。

4.2.1　“人+智能”扩充决策主体

在作战指挥发展的历史中，指挥员作为战争的指导者，向来就是决策主体。一方面，指导战争、指挥作战是指挥员的权责和分工，责任使然；另一方面，指挥员拥有丰富的军事才能和作战经验，懂得灵活运用技术、战术与艺术，能者为之。智能时代，对决策主体的惯性认知已被打破，决策主体结构已经发生了根本性变化。

首先，决策主体的部分决策职权移交给自主武器平台。近年来，无人作战领域的竞争越加激烈，无人武器投入实战应用越加频繁。2020 年 9 月在“纳卡冲突”中，无人机成为阿塞拜疆的主战装备，引起高度关注。阿塞拜疆方面主要有 TB-2 型察打一体无人机、“哈比”无人机、“天空袭击者”自杀式无人机等装备。这些无人机以人在回路的方式感知、定位、跟踪、攻击目标，从而实现“发现即摧毁”。具有同样工作原理的还有地面无人坦克、海上无人艇等装备。这些具有自主智能的无人武器平台，除发射和回收阶段以外的全部活动，完全依靠将集成功能模块嵌入武器平台，预置算法程序自行完成任务，行动过程中的情报决策、行动决策、控制决策、协同决策均无须人工介入和干预，基本实现将情报链、指挥链和打击链“三链合一”。从某种程度上来说，自主无人武器系统已经不单纯是指令的执行者，也是决策的生成者，无人武器平台中的核心算法单元就是智能决策的输出机构。显然，这种智能自主武器平台具有决策主体和决策对象的双重属性，部分取代了人的决策主体职能。

其次，参谋和专家组成的指挥员智囊团部分被人工智能体取代。参谋人员是指挥机构的主体力量，一般由具有良好知识结构、军事专业素养、丰富作战经验的军事人员担任，担负着辅助指挥员定下决心和实现决心的重要职责；专家是在学科领域、方向领域、专业技艺某一方面造诣较深的专业人才，他们往往接受过特殊训练或专业培训。一直以来，由参谋人员构成的指挥机构被形象地喻为“军队大脑”，军事专家往往被称为指挥员的“智囊团”。随着战争领域超限拓展，作战节奏迅速提升，决策数据成倍增长，大数据分析和情报融合已经成为作战指挥决策活动的基本支柱，指挥机构的工作方式和工作量面临巨大调整的压力，指挥员需要依靠拥有记忆、存储、计算、推理功能的作战云、专家系统、智能辅助决策系统来支撑决策，使作战指挥决策中枢的结构逐渐由“指挥员+参谋人员”向“指挥员+智能体”转变，智能型指挥所、智能型决策机构的雏形逐渐显现。

目前，自主平台和智能系统的研发和试验层出不穷，很多已经投入实战检验，在未来一段时期内，这种发展之势仍然不会逆转。

4.2.2 “武器+智能”赋能决策对象

克劳塞维茨指出，战争决定了需要什么样的武器和装备，武器和装备又会改变战争的方式，不同的战争方式，塑造不同的作战指挥决策对象。在原始社会末期，战争主要以冷兵器装备为主，作战指挥决策对象是装备木石兵器和少量铜兵器的单一步兵；至 19 世纪中期，战争的规模不断扩大，出现了车队骑兵和火药火器，作战指挥决策对象是装备有火器的骑兵或步骑结合的军队；19 世纪中叶至第二次世界大战结束前，新式武器装备层出不穷，多军兵种涌现，战争进入机械化时代，火器与技术兵器并用的诸军兵种成为作战指挥对象；第二次世界大战以后，电子技术、计算机技术、核技术推动战争向信息化转变，作战指挥决策对象相应发展为机械化与信息化相结合的诸军兵种联合部队。海湾战争以后，战争形态由低级向高级、由简单向复杂发展，作战中心与作战重心由歼敌有生力量向破击敌支撑体系和打击重要目标转移。传统的“消耗战”会造成大量人员伤亡和大规模毁坏，所带来的负面影响是交战各方都无法接受的。实施精确打击，减少人员伤亡，有效实施作战指挥决策与指挥控制，减少战争附带影响，已经成为现代战争的一个基本要求。

进入 21 世纪以来，无人武器装备的研制和使用越来越引人注目，越来越多的人工智能技术被应用到发展武器装备上，“非接触性战争”悄然诞生。在阿富汗战争中，美军使用“捕食者”无人机成功摧毁阿富汗基地组织，击毙恐怖组织指挥官；在伊拉克战争中，美军派出“死神”无人机执行近距空中支援任务多达 12500 架次；2015 年 12 月，俄军在叙利亚战场投入成建制的机器人作战连进行攻坚战，包括“天王星－9”型无人战车、6 个“平台－M”型履带式战斗机器人、4 个“暗语”型轮式战斗机器人、1 个“洋槐”自行火炮群、数架无人机和 1 套“仙女座－D”指控系统，[72]这个“机器人连”首次登场便击毙 70 多名武装分子，一举摧毁极端武装分子阵地，而俄军则无人员伤亡；2020 年，阿塞拜疆与亚美尼亚两国在纳卡地区爆发冲突，双方投入大量无人机开展空中侦察、对地攻击、定点清除、自杀式袭击等作战行动，将无人作战推向一个新的热潮，成为全世界范围内关注的焦点。除此以外，世界各国纷纷开始尝试将机器人和无人战车投入战场，如美国的粗锯齿无人战车、剑式无人车、“黑骑士”、“破碎机”已经具备机器人坦克的功能；俄罗斯的“天王星－9 型”无人战车，已在实战中得到检验。现代战争实践表明，高科技条件下的作战实体已经由有人向无人转变，并呈现出由无人单体向无人集群发展的趋势，无人力量对战争形态的影响正从量变走向质变，智能无人作战已经成为战争设计者的首选方式。作战实体的变迁等同于决策对象的变迁，在智能化战争中，决策对象可能是无人化、自主化武器系统，可能是智能弹药或智能机器人，可能是有/无人混编车队，可能是无人机集群。总之，决策对象构成日趋多元，规模不断扩大。

4.2.3 “大数据+智能”丰富决策信息

智能化作战，要求决策者必须从海量、复杂、零散的大数据中捕获热点，洞察关键契机，分析、挖掘有价值的数据信息，并将获取的信息快速整合、对比、分析，为态势感知和趋势预测提供可靠依据，为指挥员和决策机关拟定制作战方案、优选作战方案提供参考。

何为大数据？维基百科中这样解释：“它是一种无法在一定时间内用常规软件工具对其内容进行抓取、管理和处理的大量而复杂的数据集合。”NIST 形容大数据是“数量大、获取速度快或形态多样的数据，难以用传统关系型数据分析方法进行有效分析，或者需要大规模的水平扩展才能高效处理”。Gartne 公司认为，“体量大、快速和多样化的信息资产，需要高效率和创新型的信息技术加以处理，以提高发现洞察、做出决策和优化流程的能力”。实际上，大数据之“大”，不仅是在体量大、信息多，如果放宽大数据的视界，从资源应用的角度看，大数据是一种海量的数据状态及对这种状态的处理技术。进一步讲，大数据是一种思维方式，它改变了我们认识世界的视野和角度。就像工业时代的铁路、公路、航空及水电一样，在信息时代，大数据、云计算、数据中心成为新一代作战基础设施。归结到运行和影响的角度，大数据是一种基于多源异构、跨越关联的海量数据分析所产生的科学范式、观念形态、决策模式、基础制度的颠覆性变化的总和。

作战大数据是与战争或作战有关的数据集合，是一种战争资源，具有以下独特的优点：第一，大数据是一种可再生资源，不会因为使用而减少、折旧或贬值；第二，数据价值是所有可能用途的总和，但不限于特定用途；第三，数据价值在应用中实现增值，用得越多，越凸显其价值。

从数据来源看，作战大数据采用广泛的全网搜集方式，战场空间里所有事物的状态被侦察监视设备捕捉后，都会产生数据，除此之外，还有情报共享机制下的民用、商用等其他社会来源。在战场物理空间内，用于作战的一切信息几乎都可以数据化，文字可以变成数据，方位也可以变成数据，甚至沟通都可以变成数据。文字数据化，可以帮助快速定位所需查找的内容；方位数据化，可以提供导航、定位、跟踪，以及为火力打击提供引导和指示；沟通数据化，可将个人的态度和情绪转化成一种个性化数据形态，用于分析人类的关系和行为，从而反映出个体的情绪特征和状态走向，进而掌握人与人之间的社交网络结构、互动规律等。毫不夸张地说，现实世界已经被数据化，只有人们想不到的，而没有信息做不到的事情了。因此，大数据思维带给人类认识的第一个根本性转变就是把各种各样的现实转化为数据，量化一切才能衍生出无限可能，创造数据价值。

4.2.4 “理论方法+智能”优化决策机制

决策理论与方法是实现决策并保证决策科学性的必要手段。众所周知，信息的可靠与否是决策正确与否的前提，但有了正确的信息并不等于一定能做出正确的决策，是否能做出正确的决策在很大程度上取决于是否能厘清问题的知识。传统的作战指挥决策多采用随机的概率计算方法辅助决策，这种单纯的数值分析法远远不能满足智能化战争决策者的需求。而智能化作战指挥决策采用基于知识分析和逻辑推理的方法，有机结合了专家系统解决定性分析问题的特长和以模型计算为核心解决定量分析问题的优点，为决策主体提供全程、高效的支持。总体来说，智能化决策方法主要有以下几种类型。

4.2.4.1　基于专家系统的智能决策方法

专家系统是指具有大量专门知识，并能用之于解决作战指挥决策领域中实际问题的系统。一般情况下，专家系统包含知识库和推理机，知识库用来存储特定领域的知识，推理机是专家系统的“处理器”，用来提取现实问题中的新信息并与知识库中的领域知识进行匹配，按照设定的规则搜索两者之间的关联。当推理机找到匹配的结果时，待解决的问题也就有了答案。专家系统具有相应的特定性，每个专家系统只能完成特定的任务（见表 4. 1）。随着云存储和量子计算机的开发与应用，专家系统的规模和结构也变得越来越大，可以根据任务需求，调用不同的专家系统模块。相比于人类专家，可切换的专家系统能够为智能决策提供最大支持。

表 4.1　人类专家与专家系统的比较

因　素	人 类 专 家	专 家 系 统
时间	有限	全天候
地点	有限制	无限制
工作速度	受人因影响、相对较慢	相对固定、相对较快
安全性	不可复制、不可取代	可复制、可取代
灵活性	不可切换	可切换
修复能力	不可修复或很难	可修复

4.2.4.2 基于机器学习的智能决策方法

什么是学习？按照人工智能专家西蒙的观点，学习是系统在不断重复的工作中对本身能力的增强或改进，提高执行任务的能力和效率。机器学习是实现人工智能的一种方式方法，是机器智能的重要标志，基于机器学习的智能决策框架如图 4.1 所示。它是基于已有数据、知识或经验自动识别正确的模式，然后在相似的环境里做出决策或预测。简言之，机器学习是基于数据学习并做出决策，即实现由“数据—知识—策略”的转化。机器学习最核心的部分是算法，因为在机器学习过程中，对学习行为做出决策的主体是算法，而没有人为的指示或干预。机器学习与统计学、大数据及数据科学密不可分，从某种意义上说，正是因为有了机器学习，大数据才产生了无限的价值。

当前，机器学习在自然语言理解、非线性推理、模式识别、智能管理等领域已经普遍运用，尤其在基于知识的系统和决策科学中越来越受到重视。基于机器学习的智能决策系统一般包括数据系统、模型系统、知识系统，综合集成了人机接口、求解器、学习模块。

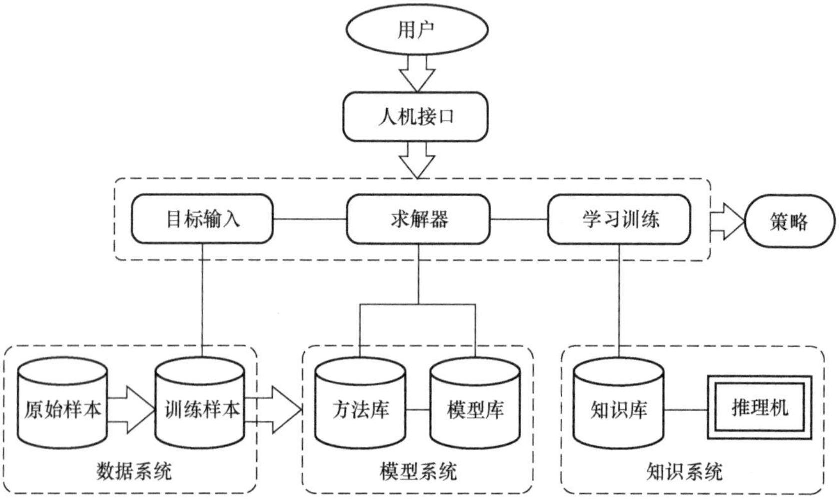

图 4.1 基于机器学习的智能决策框架

4.2.4.3　基于神经网络的智能决策方法

我们知道，人类大脑的基本构造和功能单元是神经元，并通过突触构成错综复杂的神经元网络，这种特殊的生理结构使人类大脑具有一定的特性。科学研究表明，人脑是一个大规模并行与串行组合的处理系统，因此可以同时就许多问题做出判断、决策与处理。大脑存储信息的特点是利用突触效能的变化来存储内容，存储区与运算区合为一体，脑神经细胞具有新陈代谢功能，具有一定的健壮性。大脑有很强的自适应和自组织特性，后天的学习与训练会使大脑功能得到充分开发，智慧程度可以训练并提高。

人工神经网络模型，就是从神经生物学事实与现象中抽象和衍生出来的，它通过模拟构造人工神经元以及连接神经元之间的网络，效仿人类大脑神经系统的结构和工作原理，实现人工智能，如图 4.2 所示。当前人工神经网络研究成就斐然，但它们在神经元基本单元上区别并不明显，主要的不同在于神经网络的拓扑结构上。神经网络的结构往往是神经网络特性与能力的决定性因素。迄今为止，基于神经网络的学习算法五花八门，按学习方式可分为有监督学习与无监督学习，按网络互连方式可分为层次连接学习与相互连接学习，按网络的信息处理能力可分为联想式学习与非联想式学习等。比较有代表性的是 Hebb 型学习模型、误差修正学习模型、随机型学习模型、竞争型学习模型、结构修正学习模型等。

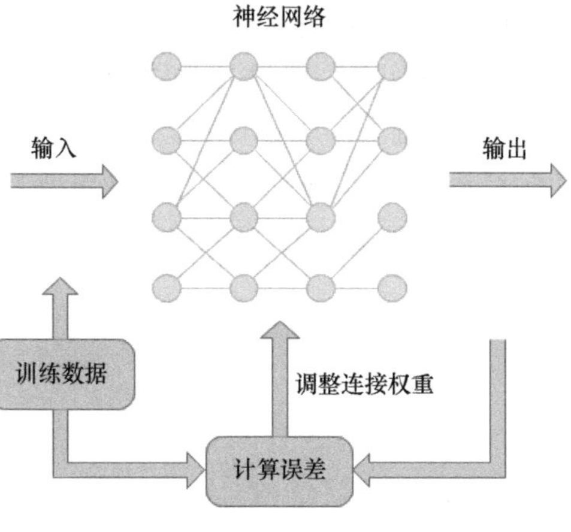

图 4.2　神经网络学习过程

毋庸置疑，在任何时代的战争中，作战决策主要依靠指挥员的直觉和经验，辅之以必要的决策支持理论与方法。例如，古代战争中部落首领会通过占卜术进行决策与谋略，近代战争中指挥员领导下的参谋部会参与辅助决策，无论是个体决策还是集体决策，这些都是一种模糊的、定性的、非结构化的可信度加权。自 20 世纪 70 年代起，计算机科学和运筹学兴起，出现了各种基于定量分析和数学模型的半结构化决策支持系统，通过数据计算、模型模拟与匹配来明确问题的答案，但这些方法也存在缺少主动性、交互性差，模型库有限等问题。人工智能技术的出现极大地增强了决策支持系统的功效。决策支持系统借助人工智能算法，开发用于处理巨量数据的软件，将探测到的目标信息进行分类计算，整合成高质量的情报信息，并结合机器学习、深度学习、神经网络学习先进算法的研发，用以辅助作战指挥决策；通过计算机仿真模拟战场环境，对战场态势及作战进程进行推演，运用遗传算法、知识推理、搜索求解等算法自动求解处理方案，生成行动指令。基于人工智能的决策算法解决了定性问题与定量问题的相互转化，还能利用不同算法评估决策方案的优劣，突破了数学模型方法单一的局限性。正因如此，有人说未来战争中“算法”决定“战法”，未来战争就是算法战争。

本章小结

本章重点研究智能化作战指挥决策要素。首先，从系统科学的角度明确了智能化作战指挥决策四要素结构，即决策主体、决策对象、决策信息、决策机制。在此基础上，从变革角度进一步分析了作战指挥决策四要素的跃迁。事实上，明确智能化作战指挥决策要素不仅是为了界定系统的构成，还是为了以此为基础，深入分析研究智能化作战指挥决策系统的运行机理。

第5章

智能化作战指挥决策系统的运行机理

爱因斯坦曾经说过：能否成功认识某一领域的客观现实，取决于所采用的方法。”选择的方法越正确，认识就越快、越准确、越深刻。毫无疑问，智能化作战指挥决策系统是由多要素组成并且相互作用的高阶复杂系统，对这一系统运行机理的研究，当然需要选用最恰当的方法。有鉴于此，本书采取系统动力学基本理论的研究方法，从系统动力学的视角对智能化作战指挥决策系统运行机理加以探索研究。

5.1 系统动力学基本理论

系统动力学（System Dynamics，SD）基本理论[73]即系统动力学理论。系统动力学被称为战略和策略的实验室，它是由美国著名学者 J. W. 福瑞斯特（J. W. Forrester）于 1956 年提出的一种研究系统反馈结构与动态行为的科学方法，属于系统科学的一个重要分支。该理论是比较经典的研究复杂系统动力机制的科学，其基本原理是以对问题的定性分析为先导，以定量分析为支持，分析信息反馈来逐步深化认识和解决系统问题。这种方法是从系统要素出发，通过研究系统中的信息反馈控制与因果关系，探寻系统的行为模式和特性，非常适用于分析复杂巨系统。

5.1.1 系统动力学所研究问题的共性特征

系统动力学所研究的对象往往是由多种具有非线性关系的要素相

互作用形成的高阶复杂时变系统。它所探讨的问题有两个共性特征：第一，动态问题，或称为时域问题，即系统所包含的变量是时间的函数，具有随时间变化而变化的特征。战场上兵力火力的波动、情报信息的变化、通信环境的降级等，都是动态问题，都可以用随时间变化的函数或图形来表示。第二，反馈问题。对于系统分析来说，反馈的最大作用是用来提示系统变化的原因。搞清了反馈的来源和作用大小，就可以通过改变变量的特征，控制系统运行状态，也就能够寻找到解决问题的办法。

5.1.2 系统动力学建模的原理和过程

运用系统动力学分析研究复杂问题，基本途径是将系统分析与综合推理相结合。系统动力学中用“阶”这一概念来定义现实中问题的复杂程度，问题越复杂，相应地在系统动力学中定义的“阶”越高。用一阶系统或二阶系统能够描述的问题一般被称为简单问题或低阶问题，三阶及三阶以上系统所描述的问题则被称为复杂问题或高阶问题。求解复杂问题的主要思路和方法归纳起来就是“降阶”，即把高阶系统分解为若干低阶子系统，通过研究子系统内部要素的作用及子系统之间的联系来反推高阶系统的运行机理。

系统动力学模型是对真实系统的简化描述，而不是全面复制真实系统，它反映的是真实系统最突出的本质和最重要的侧面。检验系统动力学模型的标准也不是仅仅考察模型与现实的相似度，而是以符合度和有效度为主要标准。因此，建模时的首要出发点是清晰地描述要解决的问题，确定系统的主体结构和主导要素，即系统边界，用动态假设或理论表达系统内主导要素之间的因果关系，建立动态假设的数学关系方程，然后给相关变量进行赋值及测试模型，最终通过分析模型测试结果来剖析解决现实问题，系统动力学建模过程如图 5.1 所示。

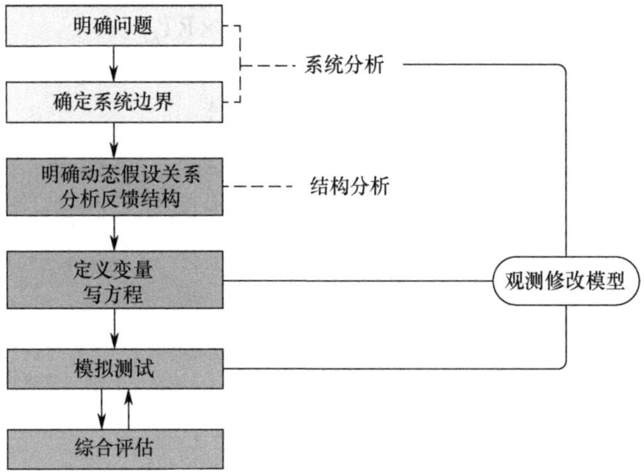

图 5.1　系统动力学建模过程

5.1.3　简单系统模型的数学描述

1. 一阶系统模型

一阶系统包含三种模型系统，分别是一阶正反馈系统、一阶负反馈系统和 S 型增长系统（见图 5.2）。

（1）一阶正反馈系统是指只有一个正反馈回路（也称增强型回路）的系统，可以用差分方程表示为：

$$\mathrm{LEV}_K = \mathrm{LEV}_J + \mathrm{DT} \times \mathrm{RT}_{JK} \tag{5-1}$$

式中，LEV_K 为状态变量；RT_{JK} 为 J 时刻到 K 时刻状态变量变化的速率；DT 为 J 时刻到 K 时刻的计算时间间隔。

当 $\mathrm{DT} \to 0$ 时，并假定 $\mathrm{RT}(t) = \mathrm{const} \times \mathrm{LEV}(t)$，可求解上述差分方程为：

$$\mathrm{LEV}(t) = \mathrm{LEV}(0)\mathrm{e}^{\mathrm{const} \cdot t} \tag{5-2}$$

式中，$\mathrm{LEV}(t)$ 为状态变量在 t 时刻的状态值；$\mathrm{LEV}(0)$ 为状态变量在 0 时刻的初始值；const 为常参数。

（2）一阶负反馈系统是指只有一个负反馈回路（也称平衡型回路）的系统，可以用差分方程表示为：

$$LEV_L = LEV_K + DT \times RT_{KL} \tag{5-3}$$

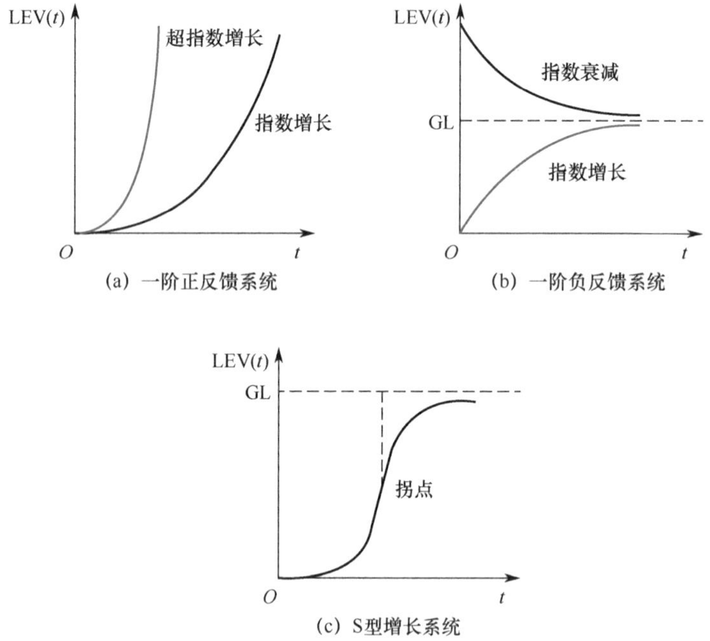

图 5.2 一阶系统状态变量随时间变化曲线

$$RT_{KL} = const \times DISC_K \tag{5-4}$$

$$DISC_K = GL - LEV_K \tag{5-5}$$

式（5-3）、式（5-4）、式（5-5）中，LEV 为状态变量；RT_{KL} 为 K 时刻到 L 时刻状态变量变化的速率；DT 为 K 时刻到 L 时刻的计算时间间隔；$DISC_K$ 为 K 时刻的状态变量值与 L 时刻目标值之间的偏差；GL 为 L 时刻的目标值。

同样，当 DT →0 时，

$$LEV(t)= GL - [GL - LEV(0)]e^{const \cdot t} \tag{5-6}$$

式中，LEV(t) 为状态变量在 t 时刻的状态值；LEV(0) 为状态变量在 0 时刻的初始值；const 为常参数。

（3）S 型增长系统是指同时包含一个正反馈回路和一个负反馈回路

的多反馈系统。可以用差分方程表示为：

$$\mathrm{LEV}_K = \mathrm{LEV}_J + \mathrm{DT} \times \mathrm{RT}_{JK} \tag{5-7}$$

$$\mathrm{RT}_{KL} = \mathrm{const} \times \mathrm{LEV}_K \times \mathrm{DISC}_K \tag{5-8}$$

$$\mathrm{DISC}_K = \mathrm{GL} - \mathrm{LEV}_K \tag{5-9}$$

式（5-7）、式（5-8）、式（5-9）中，LEV 为状态变量；RT_{KL} 为 K 时刻到 L 时刻状态变量变化的速率；DT 为 J 时刻到 L 时刻计算时间间隔；DISC_K 为 K 时刻的状态变量值与 L 时刻目标值之间的偏差；GL 为 L 时刻的目标值。

同样，令 $\mathrm{DT} \to 0$，可得：

$$\mathrm{RT}_{KL} = \mathrm{const} \times \mathrm{LEV}_K \times (\mathrm{GL} - \mathrm{LEV}_K) \tag{5-10}$$

2．二阶系统模型

二阶系统相比一阶系统的复杂之处在于，二阶系统中包含两个独立的状态变量，并且这两个状态变量同在一个回路中。系统动力学采用状态空间法描述时域中的系统结构，用来表示系统状态空间的向量方程如下：

$$\boldsymbol{X} = f(X,U,t), X \in R^m,\ \ U \in R^r \tag{5-11}$$

$$\hat{X} = Ax + Bu \tag{5-12}$$

$$\hat{Y} = Cx + Du \tag{5-13}$$

式中，R 为欧几里得空间；状态变量 X 为 m 维；输入变量 U 为 r 维，式（5-12）表示系统状态变量构成的状态方程，式（5-13）表示系统输出变量的方程。在不考虑外界输入变量对系统的影响时，对于一阶系统来说，m=1，$r=0$；对于二阶系统来说，m=2，$r=0$，其状态方程则表示为：

$$\dot{X} = \boldsymbol{A}x \tag{5-14}$$

式中，$\boldsymbol{A} = \begin{bmatrix} a_{11} & a_{12} \\ a_{21} & a_{22} \end{bmatrix}$为转移矩阵。

5.2 智能化作战指挥决策系统的指标体系

5.2.1 决策效能指标的选取依据

度量作战指挥决策系统能力，实质上是对作战指挥决策系统执行决策任务所能达到的预期可能目标程度进行分析，也即对决策系统在作战中发挥作用的综合能力的评估，军事运筹学中称其为“系统效能分析”。要对决策系统能力进行合理的度量和评价，必须选取恰当的评价指标，指标是评价系统效能的定量尺度。同时，在选取系统效能指标体系时还应把握以下原则。

（1）针对性原则。决策效能指标要面向特定的军事目的和具体任务。

（2）客观性原则。决策效能指标必须能反映评价决策任务的实际情况。

（3）完备性原则。所选择的决策指标能覆盖评价任务所涉及的范围，且指标相互独立。

（4）可测性原则。所有指标能够定量表示，定量值可以通过作战实验、仿真模拟或军事演习等加以评估。

5.2.2 决策效能度量指标

陆军指挥学院黄建明教授在论述作战指挥原理时指出，应从决策系统自身特点和最终目的出发，确定决策系统运行的度量指标。决策系统的特征集中表现为对抗性和绝对的一次性，这决定了度量决策系统的指标主要包括正确性和时效性，并且决策的正确性、时效性也是衡量指挥正确性、时效性的最重要因素。陆军指挥学院江林教授在《军队指挥的科学》一书中分别从作战指挥的对抗性和协调性两个视角对决策正确性进行研究。他认为，决策正确性包含两层含义：从敌我对抗角度来说，当我方采用的策略或策略组合恰好与对方的策略或策略组合相反或相克，能导致对方的策略无效时，就认为我方采用的决策是完全正确的，反之则视为不正确。从协调角度来说，如果决策者所做出的决策能充分使己方部队发挥整体威力，从而保证作战决心和目的的实现，就认为这个决策是正确的，反之则不正确。同时，江林教授认为，时效性不仅是评价作战指挥决策的重要指标，甚至是评价一切作战行动的重要指标。对于战争中的任何一方，时间是唯一不变和等价的客观条件。决策者能否适应瞬息万变的战场情况，及时高效地进行决策，是影响作战行动和作战结局的关键。

作战是敌我双方的生死较量，具有对抗性、复杂性、风险性和非重复性的特点。作为一种特殊的决策活动，作战指挥决策必须正确，战场上不正确的决策必然将导致风险甚至失败，决策失误的代价不可能恢复或还原。同时，强烈的对抗性也决定了决策必须具备良好的时效性，决策迅速的一方更容易占据先手优势，过时的或迟到的决策自然毫无意义。因此，正确性、时效性无疑是度量决策系统效能的最基本，也是最重要的两个指标。对应于作战指挥的正确性、时效性、稳定性指标，决策也需要相对的稳定与灵活。无论决策是否稳定、灵活，只要没有对决策的正确性和时效性产生影响，决策都是有效的。因此，诸如稳定性、灵活性应属于正确性和时效性的下一层指标。综合以上论述，度量决策效能的指标应是决策的正确性、时效性。

5.2.3　系统模型边界

研究智能化决策系统的内在运行机理，必须先明确什么是系统的“内”与“外”。系统边界就是规定系统所包含的最小数量的单元和划定系统范围，边界以内为系统，边界以外为环境。正如本书第 4 章所论述的，决策系统主要由决策主体、决策对象、决策信息、决策机制四个基本要素组成，四要素就是系统的第一层边界。

具体地看，在智能化作战指挥决策系统中，决策主体已经由指挥员及其指挥机关的一元结构扩展为“人+智能体”的二元结构。影响决策主体效能的因素有两个：人的因素和人工智能的因素。决策对象包含部队、武器及其他一切可调动的物质资源，还有一个可对部队、武器、资源都产生影响的人工智能因素，因此，影响决策对象的因素有部队因素、武器因素、人工智能因素和其他资源因素。依此类推，决策信息的多少、好坏取决于获取信息的能力、处理信息的能力及信息转化为知识的理解能力。决策机制的优劣与决策组织结构、决策流程、采用的决策理论方法及人机协同等有关，它们共同制约着决策机制是否顺畅、科学。所以，与决策系统四要素关联的各子因素就是系统的第二层边界。综合上述分析可知，明确了决策系统效能的度量指标和系统边界，才能建立智能化作战指挥决策系统指标体系，除此以外的其他因素不归入本系统模型（见图 5.3）。

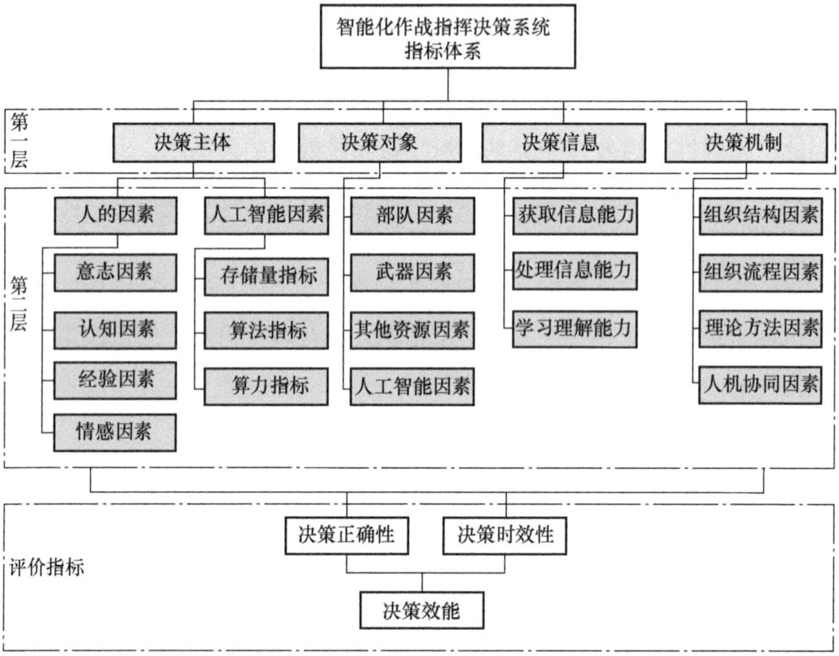

图 5.3　智能化作战指挥决策系统指标体系

5.3　决策四要素与系统效能关系分析

依据对决策系统度量指标的分析，正确性、时效性是评价决策的两个指标，也是决策系统的两个固有属性，两者既互相联系又互相影响。没有时效性的决策，即使是正确的，也是无用的；同样没有正确性保证，决策无论多么迅速也是站不住脚的。因此，我们可以断定决策系统效能绝非两者的线性相加，而是一种相对复杂的非线性关系。考虑正确性与时效性是决策效能的反馈关系，本书定义两者与决策系统效能值正相关，其数学函数方程为：

$$D \infty V_c, D \infty V_t \qquad V_c \in R^m, V_t \in R^n \tag{5-15}$$

式中：R 为欧几里得空间；V_s 表示决策正确性；V_t 表示决策时效性；V_s 表示决策可靠性。对于单纯的决策系统而言，决策活动的工作过程由决策主体加工和利用决策信息、建立恰当的决策机制、合理的组织决策活动，最终形成决策结果，并由决策对象转换为实际行动再次生成新的决策信息，反馈给决策主体，如此循环往复。决策系统四要素对决策结果产生正反馈作用，即任意一个要素的增强都将使决策系统效能向好的方向发展。深入研究决策四要素对决策系统效能的影响，可以发现各要素又略有不同（见图 5.4）。

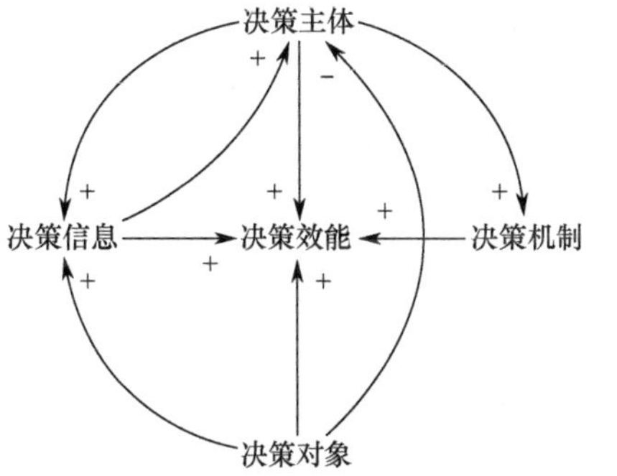

图 5.4 作战指挥决策系统要素间的因果关系

第一，决策主体对决策系统的效能产生决定性影响。决策主体能直接影响决策的正确性和时效性，决策主体能力的高低，特别是智慧水平的高低决定决策主体能否对问题有全面的认知和正确的判断。决策主体认识问题、分析问题、解决问题的能力直接关系决策结果的正确性。决策主体的指挥素养，诸如意志力、勇气、心理素质、反应速度等因素，也直接影响决策的时效性，知识结构全面、理解力强、实战经验丰富、反应速度快的指挥员做决策时自然更快。除此之外，决策主体对决策信息、决策机制也具有非常重要的甚至决定性的作用，决策主体素质越高，决策信息质量越高，决策机制也就越科学、越正确。

第二，决策对象与决策效能存在一定正反馈关系。决策对象并非是完全被动的，而主要是通过其中“人”的因素对决策效能产生作用。决策对象中的“人”可以参与决策主体的决策过程，从而对决策效能产生影响，“人”的素质越高，决策效能越高，“人”的素质越低，决策效能越低。至于决策对象中“非人”的因素，对决策效能的影响极为有限。此外，决策对象与决策主体之间是负反馈关系，决策对象越复杂，决策主体做出决策的难度就越大。

第三，决策信息对决策系统效能产生直接影响。决策信息是决策主体做出决策的依据。获取信息速度快，信息在系统内流转得快，无疑将提高决策的时效性。同样，信息量充足并且信息准确度高，可以真实反映事物的状态及变化，能够帮助决策主体做出正确判断，并得出正确结论，它对决策正确性的贡献值就大。除此之外，决策信息也在一定程度上对决策主体产生影响。

第四，决策机制对决策系统效能有必然性影响。决策机制取决于决策主体，不同的决策机制，意味着不同的决策理论和方法，以及组织决策活动的流程与分工，必然会对决策效能产生影响。决策理论方法越正确，辅助决策手段越灵活，组织流程越简洁顺畅，人机协同越密切，决策效能就越高，反之，决策效能就越低。

5.4 对抗条件下作战指挥决策系统 SD 模型的构建

为进一步分析人工智能因子在决策系统中发挥的作用，本书以对抗条件为背景，用红蓝双方代表对抗双方，通过红蓝双方战斗力的变化考察分析在人工智能因子作用下的智能化作战指挥决策系统效能，以此论证人工智能因子在智能化作战指挥决策系统中发挥的重要作用。

作战过程是敌我双方战斗力的较量，双方从初始状态开始展开对抗，直至一方战斗力为零时，对抗结束。从决策的作用效果看，决策效能无疑会对战斗力产生直接影响。更确切地说，决策效能与战斗力的关系是一种正反馈，决策效能好的一方，更能有力地削弱敌方战斗力而保存己方战斗力。结合前面的分析可以得出，对抗条件下决策系统各要素间的因果关系如图 5.5 所示。

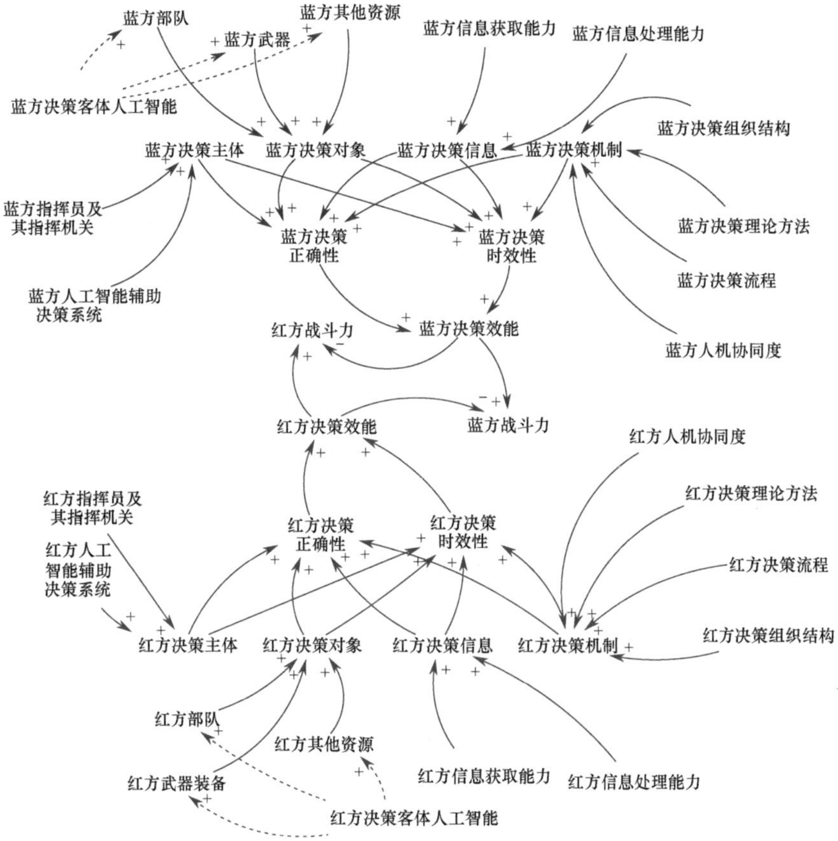

图 5.5　对抗条件下作战指挥决策系统各要素间的因果关系

可以看出，在智能化作战指挥决策系统中，相比于人、武器和其他资源等相对固定的因素，人工智能因子作为一种可以自适应调整的变量，对作战指挥决策系统效能的影响非常大。

根据图 5.5 所示的因果关系，建立对抗条件下作战指挥决策系统效能与战斗力的 SD 模拟，如图 5.6 所示。

在图 5.6 中：

R 表示红方战斗力；B 表示蓝方战斗力。

R-S、R-O、R-I、R-M 分别表示红方的决策主体智能值、决策对象智能值、决策信息智能值、决策机制智能值。

B-S、B-O、B-I、B-M 分别表示蓝方的决策主体智能值、决策对象智能值、决策信息智能值、决策机制智能值。

R-C、R-T 分别表示红方的智能化作战指挥决策系统的正确性和时效性。

B-C、B-T 分别表示蓝方的智能化作战指挥决策系统的正确性和时效性。

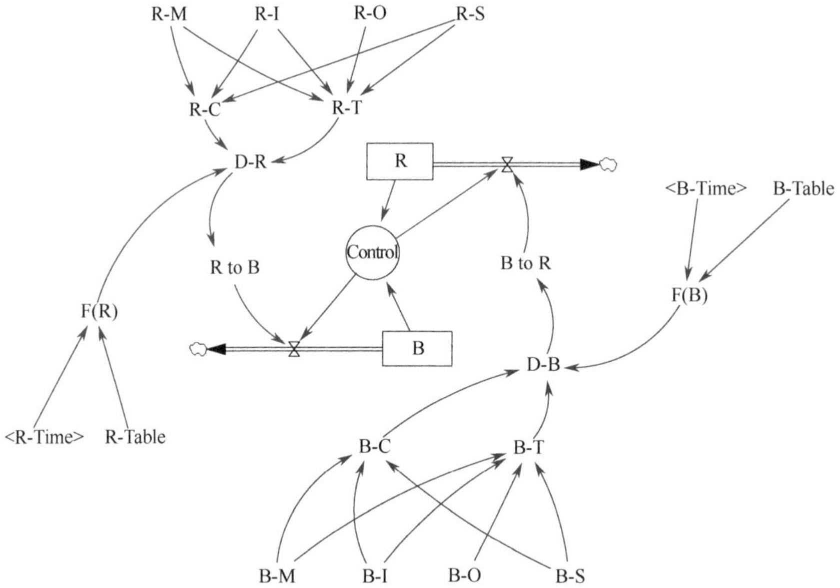

图 5.6　对抗条件下作战指挥决策系统效能与战斗力 SD 模拟图

D-R 表示红方的智能化作战指挥决策系统效能单位时间内产生的效能系数。

D-B 表示蓝方的智能化作战指挥决策系统效能单位时间内产生的效能系数。

R to B 表示红方单位时间内对蓝方战斗力造成的损耗系数。

B to R 表示蓝方单位时间内对红方战斗力造成的损耗系数。

F(R) 表示红方智能化作战指挥决策系统表函数。

F(B) 表示蓝方智能化作战指挥决策系统表函数。

该模型充分考虑了智能化条件下作战指挥决策系统的特点，按照系统动力学理论，该模型属于高阶系统的 SD 模型。从模型中可以看出，作战双方的战斗力变化，与双方的战斗力损耗系数直接相关，而战斗力损耗系数在某种程度上与作战指挥决策系统效能有关。

5.5 决策系统效能仿真与结果分析

5.5.1 变量指标值

由于智能化作战指挥决策系统是高阶复杂系统，考虑复杂系统的非线性、自适应性和涌现性特征，我们无法准确定义决策四要素之间具体的函数关系。根据系统动力学理论，本书用表函数表示它们之间的特殊函数关系。系统动力学中的表函数是一种直接运用映射描绘两个量之间复杂关系的函数，表函数所代表的关系和所包含的信息量远超过一般函数。

在模拟对抗条件下，智能化作战指挥决策系统时，为便于仿真和分析，所有变量采用统一量纲，并做如下假设。

（1）红方初始战斗力 = 蓝方初始战斗力 = 100。

（2）某方单位综合战斗力单位时间内对另一方的损耗系数 = 作战指挥决策系统效能值 × 0.1。

（3）作战指挥决策系统效能值 =（决策主体智能值+决策对象智能值+决策信息智能值+决策机制智能值）÷ 4 × [表函数]。

（4）引入控制变量 Control，当某一方战斗力等于 0 时，对抗停止。

5.5.2 仿真结果

将上述假设和表函数导入 SD 模型，区分四种情况给 R-S、R-O、R-I、R-M、B-S、B-O、B-I、B-M 赋值，并在 Vensim 软件下运行。最终仿真结果如表 5.1 所示。

表 5.1 仿真结果

<table>
<tr><td>仿真方案 A</td><td>红方</td><td>蓝方</td><td>战斗力变化</td></tr>
<tr><td>决策主体智能值</td><td>0.95</td><td>1</td><td rowspan="4">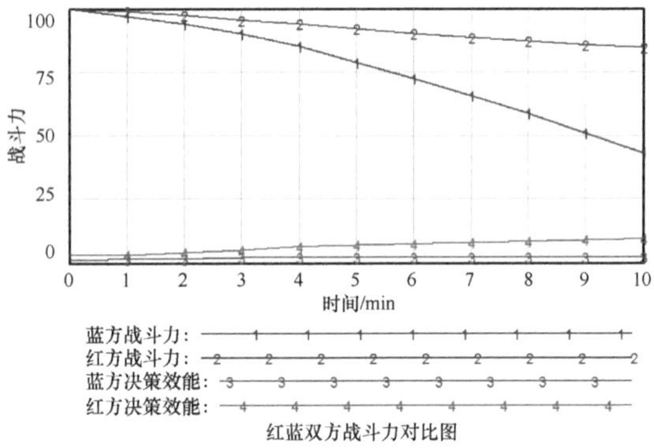
</td></tr>
<tr><td>决策对象智能值</td><td>0.8</td><td>0.9</td></tr>
<tr><td>决策信息智能值</td><td>1</td><td>0.8</td></tr>
<tr><td>决策机制智能值</td><td>1</td><td>0.8</td></tr>
<tr><td>仿真方案 B</td><td>红方</td><td>蓝方</td><td>战斗力变化</td></tr>
<tr><td>决策主体智能值</td><td>2</td><td>1</td><td rowspan="4">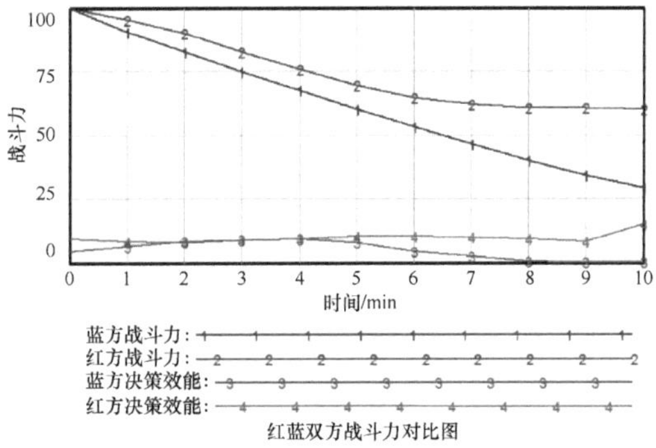
</td></tr>
<tr><td>决策对象智能值</td><td>1</td><td>1</td></tr>
<tr><td>决策信息智能值</td><td>1</td><td>1</td></tr>
<tr><td>决策机制智能值</td><td>1</td><td>1</td></tr>
</table>

（续表）

仿真方案 C	红方	蓝方	战斗力变化
决策主体智能值	1	1	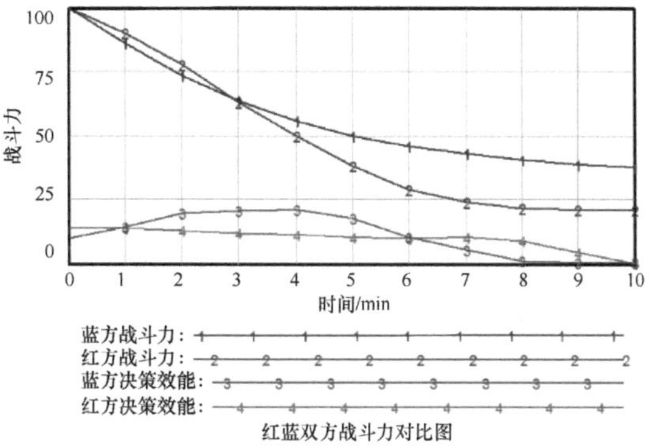
决策对象智能值	1	1	
决策信息智能值	3	5	
决策机制智能值	1	1	
仿真方案 D	**红方**	**蓝方**	**战斗力变化**
决策主体智能值	1	1	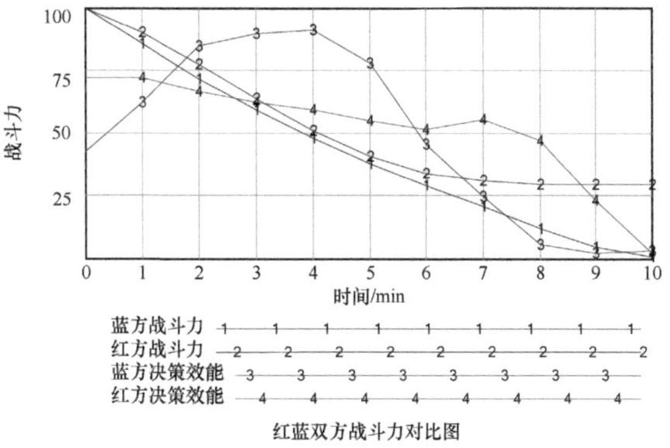
决策对象智能值	1	1	
决策信息智能值	1	1	
决策机制智能值	2	1	

5.5.3 仿真结果分析

根据模型的仿真结果，可以得出如下结论。

第一，敌我双方对抗时，作战指挥决策系统效能值由决策四要素共同作用产生。虽然双方决策四要素各自效用值有差异，但只要某方决策四要素整体作用结果即决策系统效能值高于另一方，那么转化为相应的损耗系数也高于另一方，给对方造成的战斗力损耗也较大。这一结论通过四个仿真结果都能得证明。例如，在仿真方案 A 中，红方决策主体智能值为 0.95，蓝方决策主体智能值为 1，红方决策四要素的智能综合值为 0.9375，蓝方决策四要素的智能综合值为 0.875，最终红方作战指挥决策系统的效能值高于蓝方。由此可以得出，智能化作战指挥决策系统的常态运作遵循系统动力学原理，在从任意时刻 t_0 的初始状态到达时刻 t_0+t_D 的最终状态时，决策系统内部各要素采取各自特有的工作路径，以便在两个时刻之间的时间间隔内，每个要素贡献值尽可能大，最终使决策系统的整体效能值最大化。我们姑且称之为最大作用原理。

第二，当对抗双方决策系统中的决策对象、决策信息、决策机制保持均衡而一方决策主体智能值高于另一方时，决策系统效能的变化是非线性的。这种非线性的变化导致战斗力的变化也是非线性的，但战斗力变化的趋势是不变的。在仿真方案 B 中，红方决策智能值大于蓝方决策主体智能值，但在 t=2 至 t=4 时刻，双方决策系统效能值相等，蓝方战斗力损耗的变化虽然与红方大致相当，但蓝方战斗力损耗趋势仍然快于红方，且在 t=4 时刻以后，红蓝双方的战斗力差距越来越明显。由此可以看出，决策主体智能值高的一方更容易拥有较大且持久的优势。对于同等规模的对抗双方而言，在拥有同等信息的条件下，决策主体的智能化水平高的一方，决策的正确性、时效性越强，决策优势越明显，最终赢得战斗胜利的把握越大。

第三，在智能化条件下的作战指挥决策，能够先于对方拥有越多的信息及对信息加工处理得越好，决策系统效能越好。在仿真方案 C 中，从 t=1 时刻开始，由于蓝方决策信息智能值高，蓝方决策系统效能压倒红方，至 t=3 时刻红方战斗力出现急剧下降，此后，红蓝双方战斗力拉开了较大差距，红方战斗力弱势开始形成。之所以产生这一结果，一个直接且明显的原因是蓝方决策信息智能值优于红方，另一个原因是信息的叠加效应，即信息不仅在智能化作战指挥决策系统中流通为决策提供依据，还会产生新的作用，提高决策系统的综合智能值。

第四，由决策机制智能值变化导致的决策系统效能变化规律并不明显，说明人工智能因子作用于决策机制的影响比较复杂。在仿真方案 D 中，红方决策机制智能始终高于蓝方，但在 t=0 至 t=10 内，决策机制智能值没有形成直接优势，引起决策系统效能同时同向变化，说明人工智能因子对决策机制的影响是复杂的。但从决策系统效能和最终战斗力的变化上看，决策机制好的一方给对方战斗力造成的损耗必然是较大的。事实上，人工智能带来较科学的决策理论和方法的同时，也带来了人机融合的复杂性，即使机器智能程度较高，但人机融合得不好，也会给决策的正确性和时效性带来负面影响。

第五，人工智能因子能够激发智能化作战指挥决策效能的涌现性。以上仿真结果虽然从不同侧面、不同程度地反映了作战指挥决策四要素各自的重要作用，但作战指挥决策系统反馈结构的复杂性和人工智能作用的非线性，使智能化作战指挥决策系统效能变化也呈现出复杂性和非线性特征。决策主体的自主优势、决策信息的叠加效应、决策机制的复杂作用加之决策四要素对决策系统效能的正反馈作用，最终将使决策系统效能呈现更为复杂的涌现性，这正是智能化作战指挥决策所独有的特色。

本章模型虽然对实际智能化决策系统做了一定程度的简化，但对系统基本要素的分析、系统运行的模拟、函数关系的假设与实际相符，能够鲜明地反映出战斗力对抗和作战指挥决策对抗的基本过程，也能够反映出人工智能因子的作用。

结论一：战斗力对抗实质是“决策—行动—决策”回路的对抗。作战指挥决策效能是以战斗力为基础并通过战斗力变化的形式表现出来的。决策的正确性、时效性越好，决策优势越明显，转化为战斗力和行动的优势也越强、越快，“决策—行动—决策”回路循环得越快，取得胜利的把握就越大。因为人工智能因子在作战指挥决策系统中的重要作用，我们也可以认为人工智能将成为战斗力的增长点和加速器。

结论二：“制智权”将成为未来作战指挥决策争夺的高地。相比于人、武器、环境等主、客观不可抗力因素，人工智能因子的辐射性、柔韧性和可塑性最强。随着大数据挖掘技术、智能算法和超级计算能力阶跃式的发展，人工智能“三驾马车”的驱动力得到极大提高，人工智能所带来的技术奇点已经出现，作战指挥决策系统的效能必将实现跨越式提高。

当前，武器作战对抗重心由传统的自然空间转移到技术空间、信息空间、认知空间，博弈手段从体能较量、技能较量演进到智能较量，对信息和智能的操纵将开辟以“制智权”为核心的军事新高地。

结论三：人机融合将成为提高决策科学高效的杠杆。人工智能因子作为一个重要的新变量切入作战指挥决策活动，它不仅会影响某一要素的单一作用效能，也会影响作战指挥决策系统的整体效能。随着人工智能因子在系统中所占的成分比重越来越大，系统智能化程度的提高，决策系统的智能程度和自主性都将得到极大提高，人机交互融合将更紧密、更协调，机制运行得更顺畅、更高效。

结论四：智能化作战指挥决策将成为作战指挥决策进步的里程碑。决策系统是复杂的动态交互系统，系统组分的多样性、整体的开放性、主体的适应性、要素的交互性、结构的聚集性等特征，决定了智能化作战指挥决策系统必然产生涌现效应。涌现性作为复杂系统的优异特性，应该得到最大限度地激发，而人工智能因子恰恰成为撬动作战指挥决策系统涌现性的最佳支点，它的作用可能是巨大的、颠覆性的，甚至是超乎想象的。人工智能技术引导着作战指挥决策智能化的深刻变革，也催化着智能化作战指挥决策范式与思维的激烈绽放，人工智能因子因此成为颠覆战争形态变革的力量。

本章小结

本章主要研究了智能化作战指挥决策系统的运行机理。在论述智能化作战指挥决策系统四要素与决策系统效能之间的因果关系基础上，确定了度量决策系统效能的指标体系，构建了对抗条件下智能化作战指挥决策系统效能与战斗力关系 SD 模型，并运用 Vensim 软件对 SD 模型进行了仿真和分析。采用定性与定量相结合的方法深刻揭示了智能化作战指挥决策系统内在运行机理，全面深入地阐述了人工智能因子在智能化作战指挥决策系统中的重要作用。

第6章

智能化作战指挥决策的基本流程

决策贯穿于作战行动和指挥活动的全过程。从更宽泛的视角看，针对情报活动、筹划活动、预测活动、组织计划活动和控制协调活动等，当需要做出判断和选择的时候，都会涉及决策。虽然决策活动的内容不尽相同，但是所有作战指挥活动中的决策，都可以抽象成一般意义上的决策过程。本章研究智能化作战指挥决策的基本流程，特指决策主体为制定出决策方案所进行的活动过程，是通用性的作战指挥决策流程，而不限定于特定的作战场景，也不限定于特定的指挥层级。

6.1 智能化作战指挥决策的“四步法”

严格地讲，决策流程是建立在对敌情、我情和战场环境分析基础上的严谨的逻辑思维过程，反映了对决策活动规律的基本认识。决策过程可分为若干步骤，各步骤之间环环相扣，步步推进，步骤之间并不固定。一般情况下，科学决策的基本流程分为七步：第一步，受领任务或发现问题；第二步，理解任务、确定目标；第三步，目标分解；第四步，拟制方案；第五步，分析评估；第六步，方案优选；第七步，实现、模拟。[30]然而，由于智能因子对决策主体、决策信息、决策机制、决策对象都产生了智能化影响，这就使得智能化作战指挥决策基本流程既不同于一般性的科学决策流程，也不同于传统的作战指挥决策流程，而是有其自身的特殊性，因此，智能化作战指挥决策基本流程既遵循一般性科学决策流程，又具有不同于其他作战指挥决策流程的个性特色。从本书第 5 章可知，人机融合将成为提高决策科学高效的杠杆，智能因子的介入使决策辅助系统高度智能化，指挥信息的获取、梳理、分析、融合、共享高度智能化等，这些都将从根本上改变传统的作战指挥决策流程，并因此提升作战指挥决策的正确性和时效性。

智能化作战指挥决策具有以信息为起点，以数据、算法、算力为核心支撑，以定性与定量相结合为方法，以自组织为系统表征等特点。本书认为，智能化作战指挥决策的基本流程应主要采取“四步法”：第一步，智谋一体确定决策目标；第二步，智能关联研判“三情”；第三步，自主生成初始方案；第四步，虚实平行优化方案（见图 6.1）。

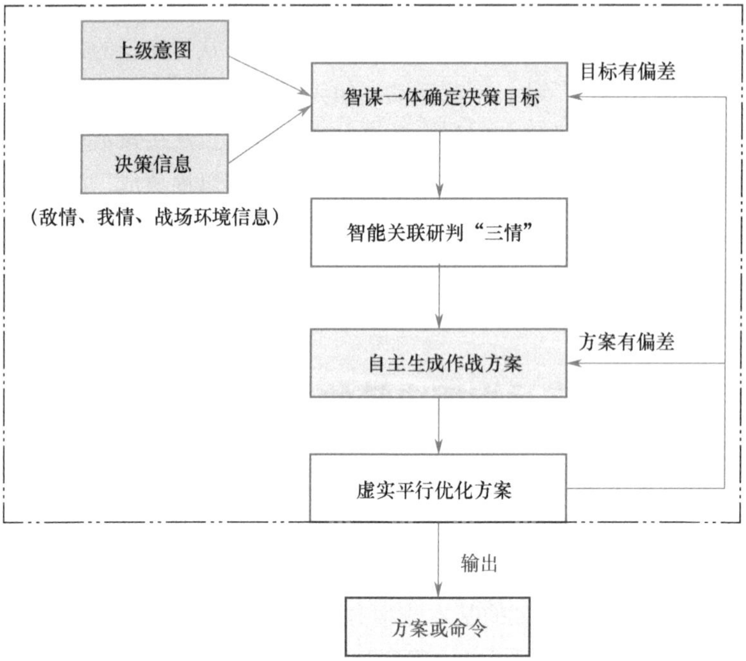

图 6.1　智能化作战指挥决策基本流程

6.2　智谋一体确定决策目标

所谓智谋一体，是指由综合智能系统与指挥谋略的叠加而形成一体化、关联性认知。确定决策目标，在理论上是指提出确切问题并聚焦努力方向，是决策主体在作战指挥决策活动中要面临和解决的首要问题。

确定决策目标是在分析上级作战意图、理解作战任务的基础上形成的，是本级作战目的的具体化。在实际作战中，确定决策目标应区分两种情况：一是在上级下达明确而具体的任务时，本级决策目标选择的自由度很小，上级的指示和命令就是本级的目标和任务；二是上级只明确作战意图而未明确具体任务时，本级应当在综合分析上级意图和研判客观情况的基础上自行确定目标和任务。第一种情况无须赘述，本书重点研究第二种情况。

6.2.1　运用结构化方法理解作战任务

理解作战任务主要是“四个把握”“四个搞清”，就是把握作战背景，搞清为什么打这一仗；把握作战目的，搞清期望达到什么效果；把握作战指导，搞清遵循什么方针和原则打、采取什么样式和手段打；把握作战限制要求，搞清打到什么程度，有哪些不能突破的时间、空间和强度等限定规定。智能化作战指挥决策特别强调运用结构化方法对上述问题加以理解和认识，用一种确定的思维和定量的计算为决策提供框架，使决策更富有成效。

运用结构化方法理解作战任务的主要思路是：首先，描述上级作战目的，分析本级的作用与地位，建立上级意图与本级任务之间的关联，明晰上级和本级的当前状态、已有条件和限制条件，设定预期发展趋势、核心指标和总体效果，并建立它们之间的联系。其次，根据上级意图和要求，明确相关作战变量，如环境、资源、对抗双方实力等变量，并根据所掌握的情况信息为每一种变量确定相应的弹性变化空间。确定主要任务并定量预测效果，形成任务清单和预期效果清单。再次，测算对抗双方各自存在的潜在风险和威胁，并建立对应的可承受风险区间，明确本级任务需要的兵力规模和相关支援保障，设定本级任务的限制约束条件。文献[74]中提出一种描述问题内在结构的方法——影响图，这种方法便于定性掌握问题关联因素之间的相互关系，比较适合结构化理解作战任务。依靠计算机语言和人工智能技术，完全可以将上述思路转换为具体的算法程序，借用计算机建立上级意图与本级任务之间的影响图，并给出具体的测算结果，运用计算机语言和人工智能技术结构化理解本级任务（见图 6.2）。

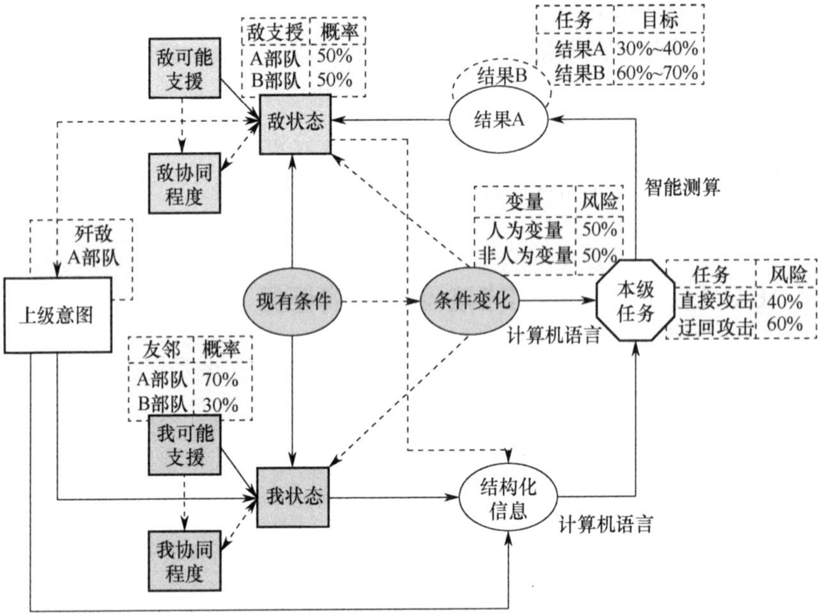

图 6.2　运用计算机语言和人工智能技术结构化理解本级任务

具体操作方法是：第一步，列出所有不变因素和可变因素，并对人为影响的可变因素标注为决策节点，非人为可变因素标注为随机节点。第二步，建立关联，包括顺序关系、因果关系、相关关系等，根据关联性确立测算算法。第三步，确定指标和变化空间，设定阈值。通过运行算法计算出每个节点的目标值或区间值，最终准确把握作战任务。需要特别注意的是，运用人工智能技术和机器语言结构化理解作战任务，只能作为理解作战任务的一种定量参考，对于上级意图中模糊的方面仍然要依靠人的认知与智慧加以理解。本级任务的确定也必须根据不同背景、不同条件来做出人为判断，因此在理解作战任务时需要注重智能技术与谋略的结合。

6.2.2　精算设计本级作战目标

本级作战目标是为实现上级意图而确定的本级任务和目的，是对本级任务完成程度和作战效果的精确化描述。设计本级作战目标一般包括三个“分析”，即分析确定打击的目标、歼灭的规模或者控制的区域，并确定完成任务的指标；分析遂行任务的条件，确定所需兵力和资源；分析作战时空、环境等限制条件，确定武力使用方式与强度等方面的基本界限。设计本级作战目标需要以上级意图为出发点，以要达成的作战效果为落脚点，从正、反两个方向聚焦作战目标，形成清晰的作战发展路线图，标绘路线图上的关键节点和指标。

设计本级作战目标是从模糊到具体、从笼统到精确的计算过程。精算设计本级作战的目标是精确设定目标和指标，最大限度地节省武力和资源，以最小的成本获取最大的收益。传统的计算方法一般只能粗略地计算、分析敌我力量和时空条件，粗略地预测可能存在的风险，在行动时往往需要以绝对优势力量最大限度地覆盖风险系数，确保作战目标如期实现。显然这种方法已经不能适用于现代战争。现代战争要求必须对力量对比、作战条件、作战限制因素等问题做出精算，防止打得不准、打得不狠等情况发生。

在智能化作战中，人工智能、大数据、作战云等通用技术能够帮助指挥员实现从概算到精算的转变。人工智能技术有能力搜寻海量实时数据和信息并进行处理，为精算提供技术支持，帮助指挥员及其指挥机关制定精准的、个性化的、有针对性的作战目标。精算设计的作战目标能够极大地提高作战指挥决策效能，防范、化解风险，是作战指挥决策活动的“稳定器”，如图 6.3 所示。

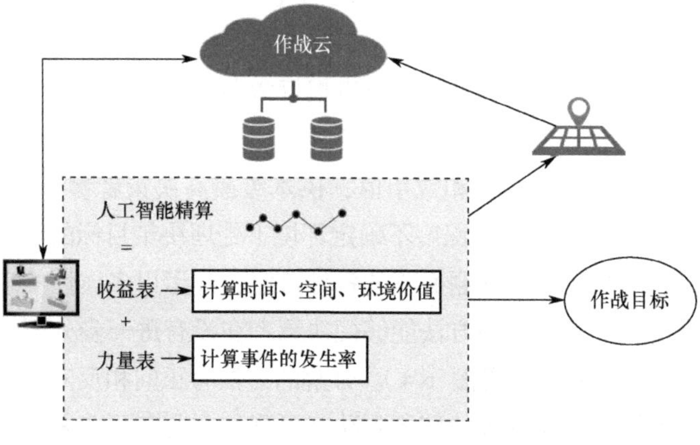

图 6.3　精算设计本级作战目标

6.2.3 科学推理、论证决策目标

推理、论证决策目标是旨在提高决策目标的正确性和准确性，为后续拟制作战方案奠定基础。在通常情况下，领会作战意图与确定作战目标是由本级指挥机构以任务部署会、党委会的形式组织，采取“面对面”的方式研究讨论。在此基础上，由指挥员组织进一步明确本级任务，了解友邻任务，搞清楚任务地域、对象、地位作用、得到的加强以及相关指示。这一过程固然有其可取之处，但通过大量的实战检验也暴露出一些问题。

首先，决策目标的正确性、科学性难以保证。上级意图固然能够为本级决策提供指导，但这种指导往往是模糊的，缺乏可操作性，必须通过调查研究、正反两方面的印证和综合评估才能准确地找到决策的关键问题。对敌方可能行动的预测、我方作战重心和作战关键点的把握等关键问题，如果缺少具有丰富作战指挥经验的专家咨询和严谨的推理判断，主观性、偶然性和从众现象难以排除，决策难免偏倚。其次，决策的时效性难以保证。召开会议需要一定的筹措过程和时间，决策主体各成员表态发言、意见综合、研讨辨析也需要一定的过程和时间，在作战态势严峻时，如果例行性地通过组织任务部署会或党委会，必然使决策“节奏”变得僵化和缓慢。在危机情况下临机决断，往往完全依靠决策权限最高者“拍板”，不可避免地会走进直觉与经验的误区。

在智能化条件下，可采用“分解式+AI”方法分解作战任务，即将上级意图和作战整体目标分解为一组子问题，每一个子问题可能对应相同或不同的指挥层级，不同子问题可以根据掌握的随机信息采用不同推理规则，分析推理出决策问题面临的各种可能性，分别计算每种可能情况下不同决策目标的风险值和效用值，供本级最高决策者参考选择。“分解式+AI”方法提供了一种深度不确定环境下处理决策目标的结构化新框架，其核心是构建决策问题面临的各种可能，并运用多属性信息进行决策目标分析和评估。这种方法能够使决策者在没有进一步分析的情况下找到解决问题的方法（见图 6.4）。分解的方法有正向和反向的区别，我方可以由上级意图和掌握的信息驱动来预测敌方所有可能采取的行动，并制定相应的目标，变不确定性为确定。同样，我方也可以由目标驱动

制造多种不确定情况来干扰迷惑敌方，使其无法做出正确决策，变确定性为不确定。运用“分解式+AI”方法确定决策目标，可以使各个指挥层级在相同时间、不同地点同时作业，汇集各个层级所有参与作战指挥决策者的先验知识和判断，且最大限度地压缩决策磋商、研讨、分析与论证的过程和时间。更重要的是，这种决策分析方法十分适用于匹配学习型算法的机器智能，结合云存储和云计算，不仅可以在修正先验概率的基础上进行全数据的可能性搜索，同时也可设计出最大可能的情景类型空间。这种全数据、全景空间的决策转化为作战行动时更容易掌握作战主动权，使我方不但拥有选择行动的自由，并且拥有选择行动后果的自由。

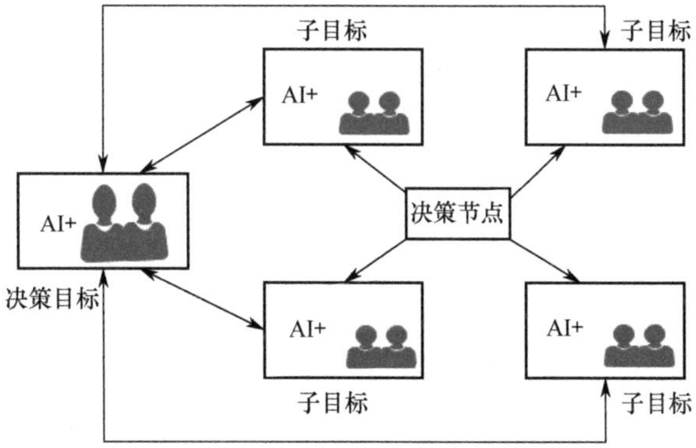

图 6.4　“分解式+AI”方法论证决策目标

随着信息网络技术在陆、海、空、天、网等全维空间全面铺开，信息化、系统化的指挥链基本覆盖战略、战役、战术各层级，实现了信息在不同层级间的共享互通，也为作战指挥决策的灵活实施创造了条件，从根本上解决了各军、兵种或各层级指挥机构对战场态势的感知共享、对战略指导的一致认识、反复迭代的沟通对话和基于网络的协作计划。特别是嵌入式智能辅助决策系统的开发和使用，在理解、分析、形成决策目标的环节中，横向上各军种、友邻，纵向上各层级均可参与研讨，帮助指挥员深化对作战目的、作战环境、作战资源的理解，以便形成合理的决策目标选项。借助智能辅助决策系统在算法、算力上的性能优势，以算法模拟现实，凭算法对抗结果回答相关疑虑，以推演模拟替代反复讨论，以虚代实，压缩繁冗的研讨分析过程，既可有效避免作战指挥决策层认识的局限性，还能提高决策效率。据悉，美国陆军未来司令部牵头开展的“融合项目”就是一项全新的“系统整合”和“学习活动”，它以促进美国陆军在联合作战中的能力和贡献为目的，旨在系统整合战术网络、指挥信息系统以及人工智能等关键技术，使美国陆军、海军、空军、陆战队及联盟伙伴实现跨域融合，通过解决联合问题实现战争上的“超越”。[75]

6.3 智能关联研判“三情”

当决策目标确定以后，决策主体就要围绕决策目标展开作战构想和作战设计，这时需要在初始情况判断的基础上进行深入分析判断情况，为制定作战方案提供翔实可靠的依据。

分析判断情况也称为研判“三情”，“三情”指敌情、我情、战场环境。掌握信息并用于决策，绝不单纯是将承载信息的符号、文本、图像等载体提供给决策者，而需要将信息的语法信息、语义信息、语用信息加以整合，揭示隐含在客观信息之下的主观含义，形成对情报信息所表示对象的客观而深刻的认识，归纳成军事意义上的“情报”或“信息结论”，如其所表示对象的价值意义、结构特征、能力强弱、特点规律、意图想法、发展变化等，并预测判断对我作战方案、作战行动和装备运用的影响，提出有针对性的建议。所以，挖掘与处理信息，也称作军事意义推断。在时序上，组织分析判断情况，既要在战前的作战准备阶段开展，也要在战中作战实施阶段实时跟进，指挥机构各要素在分头同步展开的同时还要横向联动交互研判，必要时要集中会商、集体研判。在内容上，分析判断情况，不能就敌情判敌情，就我情判我情，就环境判环境，而要结合各方情况综合研判，形成专项分析判断结论和综合分析判断结论。鉴于以上原因不难看出，分析判断情况是作战指挥决策活动中最基础、最普遍、投入工作量最大、技术难度最高的工作。情况分析得细不细、精不精，直接关系到判断得准不准，进而影响到决策正确不正确。

6.3.1　运用人工智能/机器学习、大数据分析等技术融合开源信息

信息时代的人们正经历着一场沟通方式的革命，移动平台、社交网络、视频直播等开源媒体成为社交和信息传播的新工具，所有利用社交媒体进行的传播与交互都会留下数字痕迹，成为有关人与社会或敌、我、友的最大体量的开源情报，并已经成为常规情报监侦手段的重要补充。美国前情报局局长艾伦·杜勒斯曾提出，对开源情报进行适当分析，可以获取指导制定国家政策所需的 80%以上的情报信息。换句话说，开源信息对情报产品贡献度高达 80%。2022 年 2 月爆发的俄乌冲突首次出现了“全媒体直播”的现象，世界各国的媒体、网站甚至个人账号利用手机互联网全程关注或直播战况，大量关于俄、乌两国军队的视频、图片、文字等多模态的信息出现在公开网络平台中。据美国 CBS 新闻网称，俄乌双方都有可能利用自然语言处理、机器视觉、知识图谱等技术，发掘这些社交媒体信息中有关装备型号、作战部署、战损等军事情报（见图 6.5）。

图 6.5　社交网络上发布的带有“z”形标记的俄军武器装备

开源信息与特定的军事信息不同，它具有一定的独特性。首先，开源信息量较大。信息来源广泛，包括民用、商用等多种渠道，有些信息是真实社交信息，有些则是虚假信息迷雾。其次，开源信息价值密度稀疏。这些信息可能是第一手的客观信息，也可能是经过过滤的外围视角和他人观点以及被编辑过的“二手信息”。

分析融合开源信息，绝不是单纯地将信息汇聚到一起，将承载信息的符号、文本、图像等载体提供给决策者，而是将其整理成军事意义上

的“情报”或“信息结论”，并预测判断对我作战方案、作战行动和装备运用的影响，并提出有针对性的建议。

鉴于此，为提高信息分析和融合效率，应充分利用人工智能、大数据挖掘技术，提高开源信息融合处理的效率。一是智能信息归类。利用人工智能算法，将收集到的信息作为输入，完成信息的智能归类。二是智能填充数据缺失值。开源信息中含有大量不完整数据、无效数据或因加密保护等情况引起的数据属性缺失，人工智能的机器学习可以根据已有数据中的数据属性分布来推测缺失值，如针对连续型属性的均值填充，针对离散型属性的众数填充，基于某种相似度度量的相似填充，基于已有属性值建立回归方程估计缺失值等。三是智能数据清洗及合成。数据清洗是指发现并纠正数据中可识别的错误，解决数据无效性、一致性等问题；数据合成是指对数据进行关联性分析与聚类。处理好数据清洗和合成两个问题，才能更有助于快速、准确地进行情报分析。运用机器学习算法可以去除数据中冗余字段和关联性验证，一些智能水平较高的算法甚至可以清洗与合成同步执行。四是智能生成数据集。利用人工智能算法创建生成模型，再生成关联数据集，能从根本上解决极度缺少数据“不知道从哪里开始”的问题，有效解决“信息孤岛”带来的困顿，实现“样本稀缺—大数据—决策”的质变。

6.3.2 区分数据来源与类型，采用多样化人工智能方法提取目标信息

近年来，采用机器学习方法对数据信息进行自动、快速、精确地提取解译已经成为大数据时代主流的研究方向，利用智能辅助系统提取目标数据信息是一种相对高效的整合决策信息方法。决策所涉及的“三情”信息量巨大，信息的来源多且信息类型、格式不统一，往往使目标信息淹没在“战争迷雾”之中，人工智能/机器学习已经成为识别和提取目标信息最重要的、不可或缺的技术工具。以机器视觉、语言处理、波形现象学、伪造信息鉴别为代表的人工智能技术对于提取作战目标信息十分重要，这些智能化方法的作用是人力或其他技术手段无法企及的。

利用机器视觉技术从图像/视频中提取目标信息。机器视觉系统能够

对视觉数据（包括静态和动态图像）进行处理、分析和解释，有效地识别视频中的物体，对诸如雷达图像、卫星图像和全动感视频等难度较大的分析任务一样可以有效识别，更加成熟的机器视觉技术还可以进行场景描述，帮助决策者更加直观地掌握态势变化。

1．利用语言处理技术从语音中识别目标信息

智能语言处理通过语言模型、发音模型来对发音人或物体进行确认，当目标的声音出现变化时也能做出智能识别与解释。语言处理技术的重要作用是将自然语言转换为字符、符号等机器语言，使信息在机器系统中共享。

2．利用波形现象技术从电磁信号中提取目标信息

这在现代战争中，网络战、电子战早已成为一种惯用的战术手段，最新的电子干扰软件和病毒可以模拟生成极为复杂的波形，用于干扰或压制对方的频率。人工智能/机器学习技术能够对复杂的噪声波形进行检测和识别。

3．利用伪造信息鉴别技术甄别目标信息真伪

网络的广泛分布致使信息扩散速度呈现爆炸式剧变，用伪造的信息进行宣传或舆论引导已经成为现代战争惯用的手段之一，准确识别伪造信息是了解对手行动意图的重要手段。运用人工智能技术可以自动生成并散播消息，进行舆论操控。对于一些技术含量较高的伪造图片或视频信息，人的肉眼也是无法鉴别的，依靠人工智能知识图谱和智能棋盘阴影、共现矩阵等方法可以对伪造信息进行有效鉴别。

6.3.3 借助知识图谱智能关联研判

形成情况判断结论需要整合广泛的信息、关联大量相关的知识与经验，建立一定的逻辑关系，需要一定的人力、物力和软硬件支持，更需要大量的时间进行思想碰撞与协作研讨。在传统的指挥作业过程中，情况判断通常需要先分头后同步，再以联动交互的方式得出综合研判结论。受指挥员和参谋人员知识、经验、心理、意志等人为因素的影响，特别是在危机事态下，受数据量和时间影响，难避最终得出不完整的、偏狭的、主观的研判结论。

智能化条件下一种更有效的方法是借助人工智能知识图谱构建“三情”中客观实体之间的关系，将信息、知识与策略以逻辑地图的形式串联起来，根据知识图谱中的概念层次结构进行解析和推理，输出情况判断结论。知识图谱中关系的建立以“三情”数据集为支撑，每个“数据集”代表了各种不同侧面的信息，通过对数据集融合和知识融合，快速地、规模地建立逻辑地图，自底向上地形成逻辑关系，如图 6.6 所示。

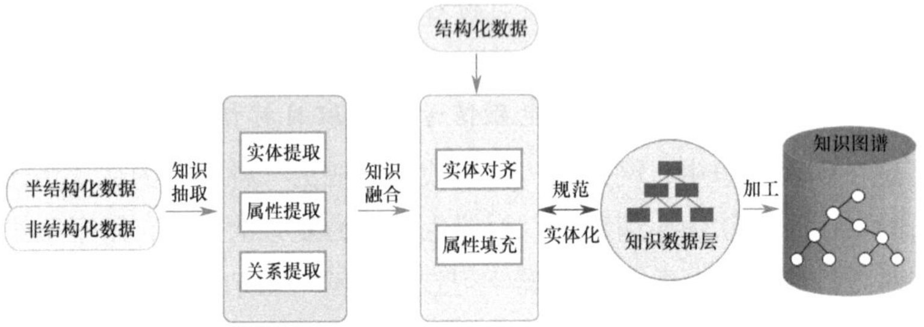

图 6.6　自底向上的知识图谱构建示意图

随着分布式存储和云计算技术的发展成熟，将信息和知识分布存储于作战云，客观上保障了为信息与知识的储备容量和计算速度。进一步采用知识图谱构建客观实体之间的关系，将信息、知识与策略以逻辑地图的形式串联起来，由“显性”信息检索相关知识，并映射至知识图谱中的相关概念或实体，然后根据知识图谱中的概念层次结构进行解析和推理，输出“隐性”信息或知识，有助于得出全面的、客观的研判结论。基于知识图谱的判断以大量的、丰富的数据为支撑，由数据衍生出“智慧”。与人的知识和经验积累不同，机器的智慧遵循“数据—知识—决策”的科学机理，它不需要时间和阅历积累，是一种快速的、有科学依据的智能。事实上，钱学森在研究人类智慧学时有过论述：“智慧的关键在‘数据集’，必集大成，才能得智慧。”数据中包括关乎对象的全部事实、经验，这些信息构成了许多“数据集”，每个“数据集”代表了事物各种不同侧面的信息。通过对“数据集”的融合分析，就能归纳出知识，挖掘出智慧。

6.4　自主生成作战方案

自主生成作战方案是指依托智能化作战指挥辅助决策系统自主生成图文结合、机器可识别、可无缝转换并执行的作战方案。它不仅仅是体现作战整体设计的文本方案，还能作为行动部队、武器平台的行动路线图。根据任务需要，指挥单元可将作战方案发送至行动单元，行动单元中的智能终端或武器平台可将作战方案自动转换为机器语言和行动指令。

6.4.1　准确预判敌方的作战行动

作战方案的形成始于对作战场景的构设、敌方企图以及对敌方的作战方案的预判。通常依据敌方基本作战思想、惯用的战术战法、指挥员个性特点、敌新型作战概念与作战构想等（我方所掌握的综合情报），站在敌方角度，运用敌方思维，研判其最大可能方案或最坏极端方案，重点是研判敌所设想的不同方案下的作战企图、主要作战方向、基本战法、主要行动等，据此拟制己方作战方案。

拟制作战方案需要建立在对敌意图与可能行动的准确预测之上，预测的准确度越高，作战方案的针对性就越强。预测所依据的一般原理包括惯性原理、类推原理、相关性原理、概率原理等，[76]军事领域的许多预测方法如经验判断法、数学模型法和模拟实验法都依据以上预测原理。每一种具体的预测方法都有其特定的使用价值，也存在一定的局限性。利用人工智能进行预测，是从方法上对预测手段进行改进和创新。一方面，机器学习能摆脱主观性影响。机器学习的本质是从数据中建立联系，优点之一是可以实现从零开始学习，学习过程与结果完全从数据的特征中获取，形成“机器认知”，利用“机器认知”分析对手的行动特点，进而做出预测。比如，采用算法估值函数计算风险阈值，就可以规避人因影响。另一方面，机器学习所构建的预测模型是工程化的估值网络。随着技术的发展，预测模型的规划和能力可以远远超过人类大脑神经元网络，预测能力与速度都会极大超出人类范围，能够有效提升决策效能。

目前，利用人工智能/机器学习对敌可能的作战行动进行预判已经取得了突破性进展。国防科技大学的陶九阳、吴琳、王驰等[77]提出一种基于深度学习的战场态势变化速度预测模型，有效解决了战场态势变化剧烈程度的度量和估计问题，明显提高了态势感知敏捷度和预测准确度。

6.4.2 自主生成图文无缝转换的作战方案

现行的拟制作战方案的方法主要包括图上、沙盘、计算机仿真，这些方法所形成的作战方案多以静态的文本或图形来描述，必须经过相应的格式转换才能有效服务于作战力量的实体诸元。

随着作战力量逐步向无人化、智能化发展，未来战场将基本以无人或有人无人协同自主攻击作战为主，由无人作战平台自动接收任务，根据目标的性质、位置、状态自主展开精确攻防行动，并围绕共同的作战目标，自主同步地调整各自作战行动，以达成行动效能耦合放大，OODA 循环将以“人在环外”模式加速。传统的作战方案拟制方法及作战方案的表现形式已无法满足作战时空要求，需要运用云计算、虚拟现实、多媒体信息处理的智能化作战指挥决策新方法。这种智能化自主作战指挥决策系统将人工智能与仿真环境相结合，结合深度强化学习和群体智能算法，对兵力编成、火力配置、协同方法与路径进行机器规划，自动生成作战行动方案，并将战场信息实时融合到态势图和方案中，使战场态势与作战方案实时同步对接，一旦作战过程有变或“有机可乘”，能迅速生成应对方案或做出应对调整。除此之外，用这种方法所生成的作战方案能够无缝转换为行动指令或信息，行动单元接收到来自指挥单元的作战方案后，可以利用文本识别、蓝图识别等智能感知算法，将方案进行自动提取，生成作战计划与指令序列。比如，在对目标进行炮击时，可由智能作战指挥决策平台根据态势自行生成火力打击方案与计划，同时还可以提出和生成弹药携行和补充方案，通过智能化作战指挥决策系统，将火力打击计划流转至火力打击控制链路，直接生成相应的火力射击计划和口令，甚至直接生成炮兵射击诸元，完成自主打击、控制与毁伤效果评估（见图 6.7）。

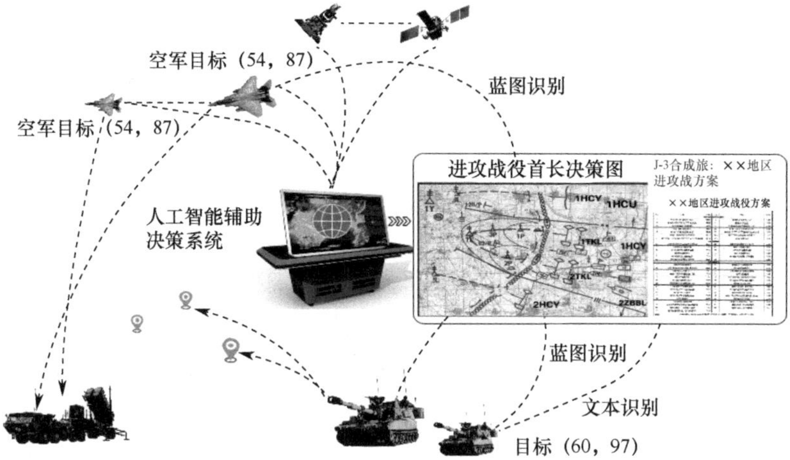

图 6.7　人工智能辅助决策系统自主生成作战方案

6.5　虚实平行优化方案

在制定方案之后、定下作战决策之前，通常要对作战方案进行评估。作战方案评估主要依据上级明确的作战任务和总体目标，由本级指挥员具体确定评估的内容与重点。

现行的作战方案评估主要有两种方法：一种是概略分析法，另一种是系统实验法。前者主要运用作战计算、比较分析或简易模型等手段，借助图上、沙盘或手工兵棋等工具进行概略性的定性定量分析，一般用于时间紧迫或评估条件不足的情况；后者主要运用现代兵棋系统、作战实验系统或其他特定或专项评估系统，通过作战实验的方式组织评估。相比于前者，系统评估方法手段更先进，当时间充足或评估条件具备时，多以系统实验法为主。我们在肯定以上方法的科学性和先进性的同时，还应看到其不足：概略分析法缺少科学性与严密性，系统实验法难以模拟复杂程度高的战争，这两种方法均难以满足未来战争的作战指挥决策需要。

智能化模拟评估方案，即通过智能模拟作战实验室，运用人工智能、仿真平台、战场信息技术模仿战场实景、武器装备性能和作战行动等，检验作战方案是否科学。在伊拉克战争爆发前，美军开发了一款模拟战争软件，该软件中的地形建筑、武器、人员均直接模拟伊拉克地区真实情况，通过这种仿真进行作战模拟推演，力图通过预实践找出作战的最优方案。

6.5.1 虚拟仿真环境平行评估

虚实平行是一种面向“人在环路中”兼具物理域和虚拟域的虚实一体的人工智能技术。目前，虚拟仿真技术、3D 视频技术、智能模拟技术的进一步发展，使构建虚拟平行环境进行作战方案评估成为现代作战实验仿真的新兴手段。与沙盘推演、兵器推演、系统实验比起来，虚拟平行更加注重虚拟化和平行化，也因此成为现代作战概念验证和推演测试的主要手段之一。

虚实平行评估的实现途径是“虚拟实验+平行执行”。虚拟实验是将复杂的作战实际问题向虚拟空间转换，利用虚拟现实技术（VR）构建对抗仿真平台，通过逼真的视、听、触等各个感觉一体化的虚拟环境和智能交互技术，构建多通道的人机交互界面，利用脑机接口、脑机迁移、增强现实等前沿技术，实现在虚拟环境中对作战方案的预实践和再判断。在虚拟环境中，不仅可以逼近真实，还可以模拟现实中无法实现的操作，如核威慑等。平行执行是指将虚拟环境中的实验评估结果反馈给人工智能系统，根据计算实验评估结果指导人工智能系统进行下一次迭代，使人工智能系统与实际系统不断优化，最终使实际方案评估结果达到最优（见图 6.8）。

虚拟平行评估方法的优势在于：一是可以按需回放、反复验证，可重复、可验证、可修改；二是利用虚拟现实技术，对战场态势理解更直观、更逼近真实；三是平台所积累的模型数据主要来源于采集的真实作战数据，对提高己方实战化训练也有很大帮助。

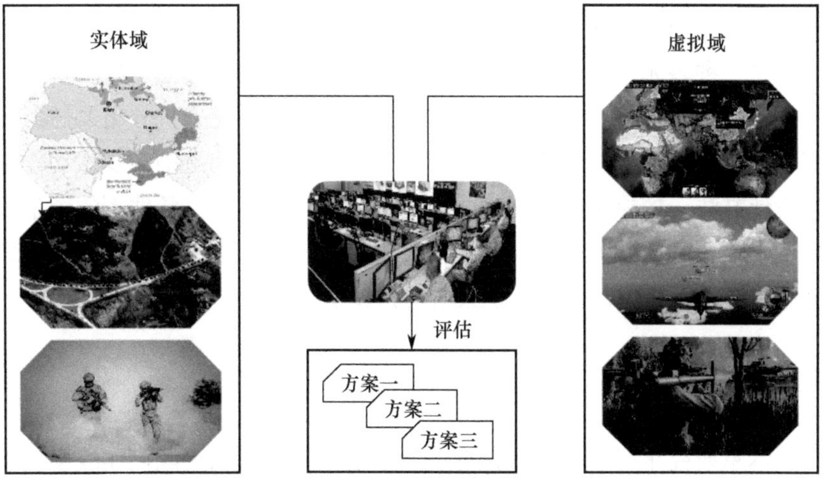

图 6.8 在虚拟仿真环境下平行评估作战方案

6.5.2 算法博弈优化作战方案

随着人工智能辅助决策的不断发展，人工智能博弈方法作为分析和解决问题的有效手段，在作战方案评估优化中发挥着重要作用。算法博弈是指利用算法建立敌我作战方案中的对抗关系，提取双方作战方案中的关键要素、关键行动、关键阶段等变量，通过强化学习形成应对策略，发现战胜对手的最佳方案，从而对作战方案进行优化，就像 AlphaGo 围棋程序一样。

无人作战作为未来新型的作战样式引起了人们的广泛重视，无人作战、无人集群作战大大增加了制定作战方案的复杂度，算法博弈无疑成为优化无人作战特别是无人集群作战方案的一个重要方法。

以无人机集群作战为例，既要考虑无人机集群中的个体的任务筹划、目标分配、航迹规划以及如何协助、支援、掩护其他无人机或向其他无人机求助、协同，同时还要考虑实现无人机集群整体作战效能最大化，这种情况下要解决无人机集群作战中耦合任务多、决策空间大的难题，还要解决无人机集群的多任务协同性和集群对抗效能的综合问题。人工智能算法的策略网络技术在计算能力和收敛速度方面具有独特的优势，可以有效地解决无人集群作战方案优化问题。目前，针对无人集群作战任务规划的相关研究已经取得一定进展，哈尔滨工业大学姚蔚然[78]博士提出了一种多无人机信息强耦合任务规划方案，通过建立一种多阶段、多任务的评估框架、平滑轨迹生成算法，解决了多无人机分布式任务规划问题。文永明、石晓荣等[79]提出了一种基于轨迹构造的一步式动作空间设计方法，加快了策略网络收敛速度，并针对强对抗条件件下的场景不确定难题，基于无人机集群对抗仿真平台，设计了基于多随机场的博弈训练方法，有效解决了无人机集群对抗多耦合任务智能决策问题。

本章小结

本章研究了智能化作战指挥决策的基本流程。从智能化作战指挥决策的特殊性出发，提出了智能化作战指挥决策的基本流程，包括智谋一体确定决策目标、智能关联研判“三情”、图文结合自主生成方案、虚实平行评估优化方案四个步骤，并对每一步骤中采取什么样的智能化方式方法进行详细论述。智能化作战指挥决策流程并不限定于特定的作战场景，也不限定于特定的指挥层级，是一种通用性方法。当然，人工智能技术在不断发展，本章介绍的作战指挥决策各个环节中的具体方式方法仅作为参考。

第7章

智能化作战指挥决策范式——人机互信破界升维

人工智能的出现或者说智能时代的到来，不是形而上地扩充一种作战指挥决策的手段，也不是轻率地用一种智能化的工具来履行人的职能，更深层次地看，它让人们保持理性的思考：应该如何科学地使人工智能在作战指挥决策活动中迸发出最大能量？为此，本书提出一种智能化作战指挥决策范式——人机互信破界升维。

7.1　作战指挥决策范式革新的底层逻辑

范式的革新，是技术体系变换完成并产生影响其他体系的结果，是技术聚合的链式反应结果。每一个时代都有其革新的条件，这些条件也意味着技术体系和其他体系相吻合的可能性。革新的逻辑确切地说是技术体系与其他体系携手进化的逻辑。智能化作战指挥决策范式革新是以人工智能技术为核心的智能技术体系与作战指挥决策体系的融合升级。

7.1.1　人在决策主体中居于主导地位

在作战指挥决策活动中，人既是起点也是终点。克劳塞维茨指出，暴力虽然以科学技术的对抗为表现形式，但物质暴力的充分使用绝不排斥智慧发挥的作用，战争的属性无法摆脱人的感情影响（指带有仇恨感、敌对感的激情）。[80]恩格斯认为，战争的动机与目的来自阶级利益和经济根源。也就是说，隐藏在战场背后的动机与目的是与情感、阶级、利益等相关的人的意识与思维。从历史的角度看，战争是人类价值取向、争夺生存利益和价值实现的产物，人是制造战争的唯一要素，也是参与战争的主体，所有的战争都是由人来决策在何时、何地、如何开始与结束。在作战指挥决策系统中，决策主体是决策系统中关联最多的要素，也是系统中唯一能够直接作用于决策信息、决策机制、决策对象以及决策结果的要素，决策主体的变化会直接引起其他要素的变化。系统中任何一个闭合的回路都离不开决策主体，没有决策主体的作用指导，决策活动也便失去了目标与方向，甚至失去了意义。

人的作用既有主动的也有被动的。主观能动性是决策科学创新与决策艺术形成的源泉。作战指挥决策是人类创造性地运用知识和技能指导作战的活动。与决策系统的其他要素相比，人有其独特的作用：一是从实际出发，主观指导客观，使决策具有较强的针对性和适用性。决策者必须学会分析、判断形势，根据作战形势的发展和主要、次要矛盾的改变，合理确定作战目标，科学谋划作战方法，及时做出应对和调整决策，使作战方案能够因情而变、因势利导。二是主观能动地引导和改变客观，使决策具有很强的主动性和攻击性。高明的指挥员时刻都在寻求掌握主动权，通常不囿常规、大胆创新，即使是在战场条件不利于我的时候，也要想办法化劣势为优势、变不利为有利。

7.1.2 技术是颠覆决策范式的源头条件

科学革命与军事革命所引发的智能化军事变革已经开始向纵深发展，人工智能成为继机械化、信息化之后新一轮军事变革的重要推手，带来颠覆未来战场的强大“冲击波”。从本质上看，科学技术在历次军事变革中发挥着源头促发性作用，谁能率先认识并实现技术上的突破，谁就能主导未来战争规则、控制打赢未来战争的制高点。

1．技术的第一属性：工具性

无论在西方古典哲学中还是在现实的世界里，技术通常被认为是为达到某种目的而用来获得生存、改造世界的一切手段和方法。[81]古希腊先哲亚里士多德把技术看作是制作的智慧。法国思想家、哲学家狄德罗把技术看成是“为某一目的共同协作组成的各种工具和规则体系”。人文主义技术哲学家埃吕尔认为，技术是“在一切人类活动领域中通过理性得到的就特定发展状况来说具有绝对有效性的各种方法的整体”。[82]国内学者对技术的另一种定义是：技术是人类在长期社会实践过程中发明和改良的用以改善人类认识世界和改造世界能力的方法和工艺的开放体系。它最重要的特征是，利用各种资源制造各种工具，改善人类认识世界和改造世界的能力。我们可以认为，技术是人们从实践过程中总结出来的，或是人们在科学理论指导下发明出来的经过实践的检验而得到确认和应用的工具。

2．技术的第二属性：体系性

成熟的技术是知识系统运用的体现，发明或技术创新的可能性取决于体系的动力，即体系的层次、技术体系内部关系、与其他体系之间的联系、一般性的外部因素等一系列条件的限制。技术进化的实质就是不断地转移技术体系的极限。技术发展首先需要一种协调，因为孤立的技术是不存在的，对于某个特定的技术而言，它的发展逻辑首先是由存在其中的技术体系决定的。在贝尔纳・斯蒂格勒看来，技术体系被定义为“各种不同层次的组合结果产生静态和动态的相互依赖关系，这些关系又遵循一定的运行规律和变换程式。每一个层次都被一个更高的层次所包含，同时，每一个高层次也依赖它自身所包含的低层次”。这样就形成一个体系化的整体协调。主导一个技术体系的动力则是它自身的极限，新技术体系产生于旧技术体系的极限。

3．技术的第三属性：有机性

技术的进化（或称为“技术学系谱”）与动物的进化相似（或称为“动物学系谱”），既包含了生命的因素，也包含了非生命的因素。技术是有机的无机物，人类与物质之间的关系是动物与技术学的关系，因此技术是生命体和环境之间产生关系的一种特殊形式。技术是一种像生命一样的有机化的物质，有着自身的演化历史。人类学家勒鲁瓦・古兰曾以生命为隐喻，阐明技术的属性永远不会完全实现，而总是处于实现的过程之中，与其说它们是一种状态，不如说是一种趋势。技术趋势在演化过程中展示的各种变化形式显然不是预先决定的，也不是可预见的。虽然这种趋势总是在不同程度上带有一定的偶然性，然而偶然中也隐含了选择的痕迹，意味着各种可能趋势的超前表达。技术演化是人与物质之间耦合的结果，人类借助技术与环境发生联系，技术演化受内部环境和外部环境的共同影响。内部环境指技术所关联的族群所拥有的文化，外部环境指种族的分化和文化差异。

综上所述，技术的属性揭示了一个潜在的哲学原理，人与技术是耦合的，也是共生的、互补的。在面对人工智能技术带来的翻天覆地的变化时，我们必须了解智能技术固有的工具性、体系性、有机性，掌握了其所特有的复杂性和动力性，才能更好地理解和运用它。从纵深角度看，人工智能技术特别是智能化作战指挥决策技术，是以信息为主导的开放复杂系统通过特定的生成机制演化出来的结果，它涉及信息科学技术、知识理论、决策理论、传感技术、计算机技术和控制技术等，还涉及脑科学、神经科学、认知科学、心理学等众多学科，自然形成了一个以智能科学为核心的有机技术体系。这一技术体系为作战指挥决策的演化输入了新鲜的“血液”，成为作战指挥决策更新换代的根本动力。从技术发展的历史角度来看，技术与人类一样生生不息、代代相传。如果人类的智慧、特质与能力对战争不会产生负面影响，那么我们完全没有必要使用人工智能辅助决策。人类和智能机器在现代技术条件下各有优势和劣势，人类存在弱点且这些弱点会对取得战争胜利产生不利影响，智能机器则能在人类的短板处发挥积极作用，因此，这种互补的方法最适合新兴的智能化作战。

7.2 智能化作战指挥决策人机互信的充分必要性

从人与工具的关系来看，在不同的科技发展时代，人类进化的同时，用于决策的工具也在不断进化，每一个时代，工具所指的对象都不一样，人与工具的关系也不一样。机械化时代，人与工具（用于计算、测量、预测的机器）的关系是使用与被使用；信息时代，人与工具（网络、计算机等）的关系是操作与被操作；智能化时代，人与工具（智能算法、系统、平台）的关系是学习与被学习。从更宽泛的视野看，人们普遍能够理解并承认机器自主性的存在，但在作战指挥问题上，还要回答“可否让智能决策系统来定下作战决心、拟制作战方针、作战方案和作战计划？在作战指挥决策过程中人与机器如何分工？人在何时以何种方式给机器授权？授权后决策结果是否可信任？”等问题。

7.2.1　人工智能决策原理和方法具有充分可解释性

20 世纪七八十年代，科学家就提出人工智能系统特别是参与决策的人工智能系统需要能解释。早期的智能系统以人定义的规则和知识为基础，经过推理运算得出决策结论，自然而然人是可以理解这些的。后来，由于机器学习的出现，人工智能系统的规则和知识不再完全由人来定义，而是依靠机器学习的编程生成，人类对机器决策的相关忧虑随之而来。这种由机器从大数据中自行提取规则和知识的智能系统是否可理解、可解释或可信任，引起了不小的争议，造成人们对机器输出结果的信任困难。概括起来，主要有三方面的原因：

（1）机器学习的自适应自编程特性。机器学习算法可以自行编程、调整变量和参数，并通过某些数学方式和目标函数建立输入和输出之间的映射关系与规则。这种映射关系与规则可能是不固定的，也不是按照人类规则和逻辑预先编程设计的，而是一种根据数据样本自适应、自编程学习的结果。

（2）从输入到输出结果的过程复杂性。在机器学习的黑匣子里，机器需要调整大量模型组件、数据层和变量参数，这些自我调整参数之间交互的复杂性使得从输入到输出的归因分析和关联都极具挑战性。

（3）机器学习网络效应的不可干预性。在复杂的智能决策系统中，某一机器学习算法的输出结果可能直接作为另一个机器学习算法的输入，无缝衔接的流程中无任何人为参与，这将形成复杂的、不透明的机器网络，又大大增加了人们理解和信任机器的难度。

只有在回答了人工智能的“可解释性”之后，人工智能才能够真正被人类完全信任。首先，对于决策主体来说，如果人工智能系统给出的建议或帮助人们做出的决定，人类必须能理解为什么人工智能系统给出这个建议或决定。例如，在研判情况时，根据所掌握的情况做出结论，参谋人员要能理解为什么智能系统得出这样的结论。其次，对于开发者和使用者来说，理解了机器学习的黑匣子，可以通过提供更好的训练数据，改善智能算法和模型，提高系统能力。换一种通俗的说法，只有具备了可解释性，使人充分了解机器结果的运算方法和依据，人才能知道机器结果是准确的，才能充分信任机器结果。

一般地看，机器学习算法的“可解释性”与算法复杂度紧密相关，类似简单回归的算法肯定比多层神经网络更容易理解和解释，而用于解决作战指挥决策问题的智能算法需要一定的复杂运算和推理过程。例如，为了从小样本数据中挖掘所需要的有价值的情报，需要采用深度神经网络学习算法，而此类网络包含数十个隐藏层和少则数千多则数百万个具有非线性交互的参数，这些都是人类无法直观、快速地理解的。

机器学习的“可解释性”基于以下原理和方法：

第一，机器学习本质上有别于迄今为止被广泛应用的统计分析与量化分析。它是通过把握数据信息特征进行预测的，而机器学习能在保留所有数据特征的基础上进行精密计算、推理、学习与演化，能够由少量样本做出更为复杂的分析与精准的判断。

第二，机器学习可以迅速升级。数据样本越多，算法分析和计算的结果越精确。算法运行的越频繁，学习积累的经验越丰富，数据规模和算法演化越能促进智能决策系统运行的良性循环。

第三，机器学习会帮助人类开发决策能力。正如汽车取代了马车，很多人便学会了驾驶；火药、火炮的出现，人们便学会了射击、爆破；有了计算机，人们便学会了自动化办公。随着人工智能向意识和思维领域的拓展，人类的认知水平和决策能力必然也会显著提高。

7.2.2 人机“互拟”提升决策主体合力

“互拟”是指人与机器互相模仿。众所周知，解放生产力和发展生产力是人类进行技术革命的基本动因之一，无论是游猎时代古人利用石器技术制造工具、农工时代人类冶炼金属并发明火药、蒸汽机、电气等技术，还是信息时代出现的互联网等新技术，无不证明科学技术的发展史就是人类孜孜以求地寻求“行动替身”的进步史。在作战指挥决策领域，人类通过发明新技术、创造新工具，使工具由部分进而完全地成为人的“职能替身”和“行动替身”，促使决策主体由单一的人脑结构转变为“人脑+机脑”的融合式结构，形成人与机器的“互拟”形态。

一方面，主导决策的人类向“类机”方向增强。人类在推进工具信息化过程的同时，也在推进人类自身的信息化，从这个意义来说，智能化战争将是“全息化”战争。当前，脑科学、数字孪生、生物智能以及芯片技术正在合力促进人类社会由碳基向硅基转变，脑机接口、脑对脑移植、会聚技术等新兴科学研究将有望实现人脑与机脑的功能同质化，人类的意识能够复制给机器，也可以将机器中海量的信息、知识、算法转移给人类，从内部改善人类自身的机理和机能，从外部提升人类生存的空间和境遇，使人类冲破固有的思维与理性枷锁，摆脱生理与物理局限成为超越机器同时也超越人类自身的“超”人类。据悉，俄罗斯科研团队在莫斯科举办的“全球未来 2045 年国际会议”上公布了一项在人类与机器人之间进行“脑移植”的创造性研究计划；英国科学家曾宣称已经研制出可以让人类进行“脑对脑交流”的系统。

另一方面，辅助决策的机器向“类人”方向同化。虽然战争的历史一直是在人类语境下、以人类为主人公、由人类抒写的，但是随着人工智能技术不断取得进展，作战主体多元化、多样化、多域化的演变突飞猛进，突出表现为作战工具与指挥工具集成一体，并由初期的机器人战士、无人武器等单体智能系统向智能专家系统、联合全域作战辅助决策系统等体系智能趋势方向发展，传统意义上指挥机构的职能逐步被拥有自主智能的“类人”系统取代。2021 年 3 月，美军北方司令部在“全球信息优势演习”中，曾测试并验证了包含作战域感知、信息优势、跨司令部协同三个工具在内的人工智能辅助决策系统，该系统基于名为“探路者”的感知工具，汇聚了全球范围内美军军用雷达数据及卫星情报数据，创建并共享了 3D 虚拟战场图像，使指挥官不仅可以了解作战对手在其作战域内的行动，还能更早、更清晰地掌握作战对手行动意图，增加决策空间和可选方案。

7.2.3 决策权限分层让渡优化作战指挥决策的作战效能

智能化决策最重要的标志是人把一部分决策功能和权利让渡给人工智能，这种模式既是可行的也是必要的。

1. 战术决策 OODA 循环重在“快”

在战术层，发现即摧毁的“秒杀”行动是未来战术的显著特点之一。战术决策主要包括指挥信息系统的操控权、武器平台的目标选择权、目标优先权和开火打击权等，往往留给战术层决策的时间较短，必然要求战术层 OODA 循环要快。受生理、心理机能的制约，人对刺激的反应速度是有限的，一般条件下，反应时间为 0.1～0.5 秒，复杂在选择性条件下的反应时间可达 1～3 秒，而机器的反应时间是微秒甚至纳秒级的，优势十分明显。所以，战术决策权正加速向无人化的人工智能让渡。

2. 战役决策 OODA 循环重在“准”

未来智能化战争中战役空间更加多维分散，战役周期相对缩短，战役样式多以跨域联合、优质精兵、精确打击为主，作战筹划和任务规划的任务量大幅增加，将战役指挥中任务理解与分配、目标选择、作战编组与资源调配等定量化的决策权让渡给智能化决策系统，快速高效地完成任务规划，保质保量地形成作战方案。

3. 战略决策 OODA 循环重在“全”

由于战略决策事关国家安全和军事斗争全局的重大问题所作的决策，是从全局上筹划和指导战争的一项决策活动，涉及政治、军事、外交、人事等多种制约因素，需要面对巨大的风险、激烈的对抗和稍纵即逝的机遇，因此，要求战略决策者必须具备超常的预见性与创造性。将部分定量的任务让渡给机器，借助大数据分析、智能算法模拟以及虚拟现实仿真推演，可以提高战略决策的全面性和科学性，最大限度地发现可能存在的威胁与风险，最大限度地争取优势和主动。需要指出的是，战略决策关乎根本的、宏观的、长远的重大问题，责任重大，因此，战略决策权仍要牢牢掌握在人手中，机器只能发挥辅助作用。

7.3　智能化作战指挥决策认知破界升维的客观必然性

以色列历史学家尤瓦尔·赫拉利在《人类简史》中指出："智人之所以相对于其他直立行走的物种更为'高级'是因为人类特有的认知升级。"2000 多年前，柏拉图就用"洞穴囚徒"的隐喻来警示人们应该保持对自身理性认知的高度警惕。作为复杂激烈的军事对抗活动的决策者来说，更应走出自身的认知边界，这样才能进入一个更大的理性时空，从更高的维度去建立更庞大的理性思维系统。本书提出破界升维决策不是在决策内容上做文章，而是在思维结构上下功夫，它通过打破内在认知边界引起外部变化，是一种由内而外的、创造性的、智能化的作战指挥决策模式。

7.3.1　指导未来战争需要打破认知惯性和隐含假设，走出决策误区

认知对于决策的重要性等同于决策对于作战指挥的重要性。众所周知，认知域已经成为现代战争攻防较量的又一新领域，"认知战"已经成为战争首选甚至贯穿全程的一种新的作战样式，夺取"制智权"是打赢智能化战争之根本已经成为军事领域的普遍共识。尤其当对抗双方实力相当时，认知差距形成的优势差就成为获胜的主要因素。[83]

战争需要决策，决策左右战争。虽然决策是战争中的一部分，决策服务于战争，但换一个角度来看，战争也是决策博弈的一个手段和结果。美国战略和国际研究中心（CSIC）阿利阿利·伯克研究所主任、国家安全分析专家考德斯曼[84]在 2016 年分析阿富汗战争的经验教训时曾指出，阿富汗冲突不是常规战争，而是一场非对称战争。虽然美国拥有世界上最先进的军事技术和常规力量，但双方作战方式极为不同，作战目的与理念也大相径庭，塔利班最终会不会以其他的形式东山再起，这一点美国并没有把握想要获得任何形式的持久和平，前景依然渺茫。那时他便断定，美军在阿富汗的胜利是非常模糊的，尽管塔利班政权已经被赶下

台，美国正在努力重建这个国家，但赢得和平远远难于赢得战争。非对称战争具有极强的适应性，这种战争既可以是地区性的也可以是全球性的，还有可能与其他的冲突揉杂在一起。事实正如考德斯曼分析的那样，2021 年 8 月 30 日，美国总统拜登公开宣布美军已完成从阿富汗撤出的任务，这场自“9·11”事件以来美国精心策划的“反恐”战争在持续了 20 年后上演的结局却是——美军败走阿富汗。从军事战略角度来看，美军在阿富汗战争中过于强调动用军事手段反恐而忽视了政治建设，美军存在一种仅凭军事优势就可以打赢任何一场常规局部战争的认知惯性和隐含假设（见图 7.1）。从战术指挥角度来看，美军指挥员对军事实力强与弱的辩证关系以及强弱变化的规律与条件缺乏足够的认知，缺乏对非对称战争的特点及战法运用的充分理解，且缺少在阿富汗打地面战、城市战、游击战的作战经验，导致了美军部队长期深陷阿富汗战争泥淖后的筋疲力尽和无奈收场，最终“又出力又出钱”“20 年战争打了个寂寞”。

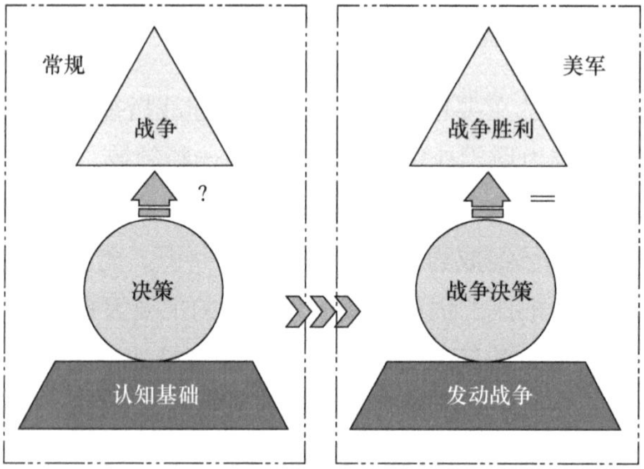

图 7.1　阿富汗战争中美军决策认知假设示意图

7.3.2　推动“OODA 循环”在时间域、空间域、认知域螺旋升级，获取决策主动

著名的上校飞行员、军事理论家博伊德在其著名的演讲“胜负的本质”中阐明 OODA 循环理论的五个核心思想，即冲突模式、概念螺旋、

破坏和创造、战略博弈及指挥控制有机设计。OODA 循环理论蕴含了深邃的思想，受到军事理论学者的广泛重视和推崇，陈学惠、姚云竹、徐义忠[85]三人在署名文章《美军作战理论的新一轮创新》中阐述了对 OODA 循环的理解。他们认为，战争胜败的关键在于谁能以更快的速度完成这一周期。至于如何实现“快”？有两个途径，一是先于敌方的 OODA 周期而完成自己的 OODA 周期，剥夺敌人做出反应的能力；二是主动制造敌人无法适应或无法及时适应的变化，通过快速计划取得决策优势，并将这种决策优势转变为时间优势，迅速取得胜利；蒋茂刚、陶刚利在《美军“基于效果作战”作战指挥决策探析》一文中也阐述了自己的理解和认识，他们指出，博伊德的 OODA 理论是通过决策的快速实现行动的快速，以最快的速度完成观察、判断、决策和行动周期，先敌循环、先敌行动。以上两种认识当然是正确的，但是如果对 OODA 循环理论的理解仅仅停留在这一层面上，仍是有局限的，远远不能适应现代及未来战争的需要。博伊德的 OODA 理论思想内涵不是观察、判断、决策、行动四个要素的简单闭环，也不是单纯地追求时间上的“快”和循环的完整，而是作战双方在时间域、物理域、认知域的对抗形态的螺旋发展，是在时间（速度）、空间（行动）、认知（判断）三个维度上的较量。图 7.2 反映了时间域、物理域、认知域三者之间的关系，观察和行动在物理空间，判断和决策在认知空间，箭头代表时间的螺旋。

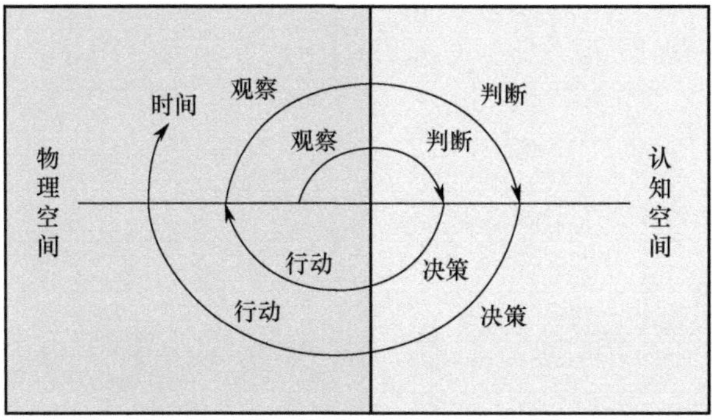

图 7.2　OODA 理论在时间域、空间域、认知域的螺旋示意图

因此我们说，智能化作战指挥决策不能片面地把焦点会聚在一维时间或二维时空，而须扩展到“时间—空间—认知”的三维领域，特别是认知领域的对抗，必须引起足够的重视。在智能化时代，战争制胜机理很重要的一条就是认知主导，利用人工智能赋能认知域已经成为军事智能化发展与竞争的一个主要方面。我们可以断言，在智能化作战中，不是一味地依靠“循环快”来占据时间窗口，而需依靠认知优势夺取时间优势；也不是简单依靠决策到行动的“行动快”来取得行动优势，还要通过“认知快”打认知差来塑造认知优势，先攻敌心，再夺敌志，最后伐兵攻城。

本章小结

本章从战争的属性、技术的属性论述了决策范式革新的底层逻辑，针对技术的工具体、体系性、有机性，提出了“人机互信破界升维”决策的全新范式，阐述了智能化条件下人机互信的充分必要性，诠释了决策认知破界升维与打赢现代战争的内在联系，通过战争例证说明人机互信破界升维决策模式的精髓。

第8章

树立智能化作战指挥决策理念

理念，即认识主体对客观世界的本质属性、内部规律的自觉、间接和概括的反映，是认识主体所独有的能力。决策理念是决策实施过程中发现问题、分析问题和解决问题的观念指导，体现了决策主体对决策活动系统化、模式化、全程化的思考，是指导决策进程的世界观和方法论。[86]在充斥着变化与不确定性的战争较量中，只有冲破思维限制、创新作战指挥决策理念的一方，才能打破规则、重塑规则。智能化作战指挥决策是一种决胜未来战争的全新模态，能否激发出决策系统中智能因子的创新驱动力，选择并运用好智能化决策工具和手段，首先在于我们能否转变传统的决策思维理念。因此，构建智能化作战指挥决策理念必然成为引领作战指挥决策向智能化迈进的开局之步。

8.1 数据为本理念

数据为本理念，是指相信数据、依靠数据进行认知、判断、预测和决策，其要义在于注重数据分析。“数据”即代表客观事实，是对于战场上的一切存在和变化的记录，其内容形式包括数值、文本、音频、影像等。而“分析”的本质则是找出数据中隐藏的规律性、映射性的联系。世界著名的管理大师爱德化·戴明有一句名言：“我们依赖上帝，除了上帝，任何人都必须用数据说话。”在智能化战场上，人员、武器、目标、态势等一切都是借助数据形式表现出来的，数据是战场的基因，是认知的灵魂，是至小、至实、至真的逻辑单元，是决策者的战略资产。

数据决策理念包括三个方面的内涵。

（1）以数据为起点驱动决策。通过有效的数据分析，更好地描述问题、思考问题、分析问题，可以更精准地运用方法论，得出更严谨、更有依据的结论，帮助指挥员塑造有利态势，打造作战优势，提高决策支撑能力。

（2）以数据为焦点预见未知。利用数据分析创建更细致的假设、预测模型，借助智能辅助决策系统的模拟仿真，可以回答作战过程中所发生的一切"是什么、为什么、怎么办"等问题，如表 8.1 所示。

表 8.1　数据驱动决策逻辑关系表

问　　题	答　　案
情况是怎么样	了解掌握情况
发生了什么	追溯过去，了解真相
为什么发生	洞察变化发生的本质，寻找根源
未来可能发生什么	掌握变化规律，预测未来
该怎么办	确定可以采取的方案与措施

（3）以数据为支点制定方案。基于数据分析的作战指挥决策，是一种客观的、不掺杂主客臆断的思维方式，运用知识推理来论证逻辑关系和因果判断，能够保证决策方案的科学性与合理性。

8.1.1　以数据为起点驱动决策

在全息化时代，一切的已知和未知都需要用数据来表达。如果说科学决策是上层建筑，那么数据就是底层基础，是决策活动的起点。只有做好数据挖掘与分析，才能确保决策科学正确。

以数据为起点驱动决策，重点要把握以下四个方面：

1．通过理解数据确定决策目标

战场上的敌情、我情和环境都是以数据的形式呈现在人们面前的，通过掌握的第一手数据信息，可以研判敌之企图和当前所面临的作战风险和机遇；通过对数据进行汇总提炼、比对印证，形成高质量的决策信息和决策知识，可以理解数据背后的秘密，进而准确、全面、客观地锚定决策目标，明确决策的任务、时限、时空范围以及资源。美军在实施“海神之矛”行动之前，美国中情局通过部署线人“盯梢”、卫星侦察、无人机侦察以及近距离侦察等多样化手段搜集数据情报，经过反复对比印证、推断研判，对于藏匿者是拉登本人的确定性程度不断提高。当确定性跨过“有限理性的 70%法则”（有限理性的 70%法则，由亚马逊创始人杰夫·贝佐斯提出，他认为，在做涉及不确定性的决策时，100%的信心和把握可能永远不会出现，当不确定性程度降低到 30%以下，或者说，当确定性达到 70%时，就应该启动决策按钮，做出选择，这样可以有效避免追求 100%确定性的囹圄。贝佐斯的观点与西蒙的有限理性理论是一致的）的门槛后，做出“认定”的结果，并据此制定出严密的抓捕方案，最终击毙本·拉登。

2．通过挖掘数据生成多案策略

在超算能力的支持下，算法以其特殊的求解逻辑和精确的计算能力，从海量数据中快速挖掘决策关键信息，迅速理解当前的综合态势并预测可能的发展变化，利用智能决策系统内置的知识图谱、专家系统、模型程序，探寻数据中隐喻的相关性和因果性，敏捷生成决策方案。

3．通过分析数据评估优化方案

利用优化函数和算法对备选方案进行全面对比、仿真评估和模拟推演，帮助决策者权衡利弊、全面对比、检视优劣，对多套作战方案的效费比、可行性等指标进行评估，并最终决断出最佳方案。

4．通过扩充数据动态滚动迭代

在决策过程中，坚持通过对数据的深度分析，理解决策任务、决策形势、决策环境的动态演变。通过对数据样本的归因分析，检验审视决策偏差，实时调整前瞻性预测，动态跟踪优化决策全程，形成“决策—评估—调整”全周期动态循环。

8.1.2　以数据为焦点预见未知

从某种意义上来说，在敌对双方的对抗中，作战指挥决策的过程主要是对作战主动权与不确定性因素的把握和利用，于不确定性中发挥谋略，就生成了运用于战略、战役与战术中的具体战法。

辩证地认识战争中的偶然性与必然性。无论多么富有预见性的作战指挥决策理论也不能消除战场上未来事件的盖然性和偶然性。决策与军备控制领域的元老级学者、诺贝尔经济学奖得主托马斯·谢林在“不可能性理论”指出，无论人们想象力多么丰富，分析多么严密，都无法一一列举出未来可能发生在自己身上的事情。[87]美国学者 Wohlstetter R . Pearl Harbor 提出，理解未来的价值就在于接受不确定性客观存在这个现实，并努力学会与之共存。[88]我们无法消除战争中的客观性和偶然性，但在无穷尽的偶然性表象之中，一定蕴藏着必然性。恩格斯曾说，历史事件总的来说同样是由偶然性支配着的。但是，在表面上的偶然性在起作用的地方，这种偶然性始终是受内部隐藏着的规律支配的，而问题只是在于发现这些规律。[89]毛泽东也曾讲：“我们承认战争现象是较之任何别的社会现象更难以捉摸，更少确定性，即更带所谓‘盖然性’，但战争不是神物，仍是实践的一种必然运动。”决策主体要承认并接受不确定性是战争中最活跃的因素这一现实，还须具备在作战实践中认识、分析、转化、利用不确定性的素养和能力，于不确定性存在或消减的游离状态或中间环节中，塑造有利于己、不利于敌的态势，制定、调整、检验己方的作战方案与计划。

通过数据分析解构“随机事件”。国防大学胡晓峰研究员认为，现代战争中高手的对决取决于“黑天鹅事件”[90]；也有人认为，战争历史本来就是“黑天鹅事件”“灰犀牛事件”以及“蝴蝶效应”交织的过程。人们认识中那些未知的未知、已知的未知，都是由于信号噪声的淹没或样本数据稀缺造成的，进而会导致对重大事件的不可预见或视而不见。据美国“9·11”事件调查委员会披露，之所以未能预警和防范如此严重的对美国本土偷袭事件的发生，并非美国情报机构存在信息盲区，而是因为美国情报机构虽然在事件发生前上报过相关信息，但各个层级上报的信息没有被整合起来勾勒出整体的情景，一些长期反复出现的信息被误认为是宣传威胁性的信息，使得关键的预警信息被淹没在无效的信号噪声中，而没有引起不同层级的决策者应有的注意。战争的“不确定性”并非完全不可驾驭，当我们理性地审视战争不确定性时，便可发现主要有四种类型：第一类是有固定概率的不确定性事件，可以通过概率论来解决；第二类是具有表征的不确定性事态，可以采用风险评估的方法来解决；第三类是因果关系和表征联系不明显的不确定性事态，需要依靠先进有效的工具或方法，研究和分析相关因素，提供足够可靠的解决方案；第四类是无法通过因果关系、表征关系也无可靠信息的完全无法预知的突发事件，或称为深度不确定性事态，需要借助复杂的决策分析方法来解构、解析原因，做出方向性预判和指导性应对。如果掌握了充分的数据和数据分析方法，以上四种不确定性问题，都可以转化为数学问题或推理问题，一切不确定性的问题都可以转化为相对确定的。

战争中没有绝对随机的行为，任何事件的发生和发展都是内因和外因共同作用的结果，所有的“因”都会通过一定形式表现出来，只要留下“蛛丝马迹”就可能被捕捉到。在网络技术与传感器技术高度发达的“全息化”背景下，捕获、搜集数据绝非难事，难点在于对数据的深度挖掘和深度分析。目前，基于稀缺样本数据的深度学习技术已经可以解决从少量甚至单一的事件中获取信息和知识，从看似随机的行为过程中寻找规律，预测以后的行为过程，防范和利用战争不确定性。

8.1.3　以数据为支点制定方案

决策过程是由“计算”到“算计”的迭代升华过程。算，是指逻辑数理，是一种数学能力；计，是指认知洞察，是一种认知能力。

1．数据分析包含“计算”

我们说，打仗是敌我双方在特定时空条件下战斗力的较量。战斗力恰恰是一个看似具体实则抽象的概念，战斗力系统结构多样、功能各异、关系复杂、变化诡异，影响战斗力生成和发挥的因素众多，作用机理复杂。[91]战斗力的基本要素是人、武器装备以及人与武器装备的结合。战场上对抗的双方总是通过提高自身战斗力、削弱对方战斗力来取得战场优势，而敌对双方战斗力的优劣不仅取决于人与武器性能对比，更取决于双方人与武器装备的结合运用，特别是力量、行动的匹配、衔接与转换。战争向智能化演变，意味着作战场域虚实互通，攻防手段五花八门，自主武器、无人作战平台等颠覆传统的装备列队新型作战力量，使战斗力的形式与内容更加丰富多样，同时也增加了指挥员驾驭战场、运筹力量的难度，仅靠定性或直觉上的分析、人工手动的计算已经无法准确、及时地满足决策需要，必须借助网、云、端以及机器学习算法等尖端科技手段进行科学地评估分析，通过深入分析数据中蕴藏的动能、势能、化学能和智能等因素，才能准确地掌握战场情况，为决策主体提供决策依据。

2．数据分析蕴藏“算计”

融合智能的数据分析，是对信息的理解、关联与映射过程，是一种机器推理和认知。将客观数据、信息归纳成知识，再由知识抽象和迁移成策略，使机器具备一定的认知能力。例如，通过对作战历史数据的计算分析，推理出对手的作战思想、基本战法、指挥员偏好、行动特点等规律，发现可能的利弊条件，预知力量强弱转化，设计筹划作战行动。通过对当前数据的计算分析，推理对手认知逻辑和过程，可以直接将攻击对象由物理域、信息域上升至认知域，利用虚拟网络战、电子战、心理战等战术对敌指挥员乃至敌作战体系进行“软”攻击。通过制造“数据污染”使敌认知能力下降，或通过篡改算法破坏其自主能力，甚至通过改变算法反向攻击，为我所用。

8.2 算法主导理念

善用算法以改变战争胜负古已有之，我国古代的各类兵法、阵法和战法，第一次世界大战时的沙盘推演、图上作业和计算推理，1914 年提出的兰彻斯特方程，海湾战争中利用兵棋推演“沙漠风暴”行动，直至现代机器人 AlphaGo 战胜人类职业围棋大师，算法逐渐从幕后走到台前。算法是智能化作战指挥决策的“灵魂”，它为机器注入感知力、理解力、创造力，是人工智能从“单细胞”到“多细胞”再到“高级智慧生物”演进过程的根本推动力。

8.2.1 算法加速信息处理

数据爆炸以及“战争迷雾”使数据处理的难度加大。信息时代主要依靠半导体不断集成推动战场及武器装备信息能力向前发展，但遵循“摩尔定律”的硅基社会的硬件发展已经遭遇到无法突破的瓶颈。美国率先提出“算法战”的概念，其最初目的是解决信息处理效能低下、情报产出率低的问题。人工智能时代，世界各国开始利用算法提高信息处理能力，占领信息高地，谋求新的不对称优势。

首先，机器学习算法能够解决海量信息融合问题。机器学习算法在提升数据获取速度和精确度方面具有独特的优势，能够汇集社交媒体、物联网等开源数据，为掌握战场态势提供更广泛的信息，这些信息可能是提示性的，也有可能是预警性的，算法能够融合各种开源的数据进而增强自身的洞察力。利用机器学习算法加速信息处理的同时，算法还能提供预测分析，发现数据集中的异常数据，进而发现并掌握对态势发展可能产生影响的异常情况，对于防范风险也有一定的帮助。其次，机器学习算法能够解决数据多源异构的问题。战场大数据可能源自陆、海、空、天、电等多维空间，也可能来自不同领域、不同国家的情报数据体系，分门别类的数据具有五花八门的结构与格式，成为阻碍数据处理的瓶颈之一。而智能技术可以对数据进行有效识别、筛选、清洗和同构，对数据结构进行结构统一，实现数据结构化和标准化，以便对不同指挥要素进行态势融合。当前，人工智能技术极大地推动了作战体系由信息化向智能化跃升，人们更多地依托算法分析数据和处理信息融合问题，智能化信息处理很大程度上实现了从单一的“计算”到“算计”的转变，进而实现从“算法”到“战法”的过渡。

8.2.2　算法增强态势感知

利用机器学习算法识别目标和态势集成已经成为军事领域竞争的一个重要内容。算法与以往任何战场侦测技术不同，它具有自主的学习能力和生成知识能力，它的功能不仅仅是探测和搜集，还能进行因果或逻辑判断，或者说，机器学习算法不但具备类人的视觉、听觉、触觉等感知能力，还拥有结构化的知识和理解能力。算法赋予机器识别能力的同时，也赋予机器交互能力、认知能力和判断能力。据悉，多年前美国陆军开展了一个“世界地形”项目（OWT），该项目承包商 VRCON 公司使用分辨率为 0.5 的商业卫星图像构建 3D 地理空间情报，并将此作为 OWT 基础层，由美国陆军构建战术覆盖层、这个战术覆盖层由有/无人机

（UAS）、有/无人车辆、士兵或移动传感设备等组成。这些无人机、无人车辆等装备全部由算法控制，不仅能够自动驾驶、自动搜集数据，还能够利用边缘智能支持即时情况判断，自主分配侦察探测区。战术覆盖层传感器获取的数据汇集到中央控制区，最终由机器学习算法完成态势融合，并融入语义数据，发送给任务部队或士兵，为行动提供态势支持。可见，人工智能算法在态势感知与态势融合方面具有十分广阔的应用前景。

8.2.3 算法提升智能决策

现代战场不乏算法控制战场的实例，从科索沃战争中北约空中指挥员运用算法控制空战，到最近一场中东战争以色列巧用算法完成了“城墙守护者”行动，算法已经显著影响了军事判断并深刻地改变了战争形态。现代战争之所以被称为“算法战争”，是因为获取全面的战场情报要依靠大数据挖掘算法，联合作战计划要依靠算法集成计算作战能力，体系运行资源分配要依靠分布式算法，算法显然已经渗透进战场的每一个角落和作战过程的每一个环节。

1. 算法能创建大量行动模式库

未来战争允许指挥员进行决策的时间将十分紧迫，而指挥员所掌握的战场信息又难以保证十分完整和实时动态更新，即使是经验丰富的指挥员，也很难在错综复杂的博弈对局中快速形成最优的对策。基于算法的自主智能决策技术可以利用机器学习挖掘作战行为模式，从大量战争数据中自主学习与进化，构建行为模式库，就像 AlphaGo 从数以万计的棋局中学习行棋模式一样，帮助指挥员突破仅仅依靠个人经验的有限逻辑思维，提高决策的时效性和准确性。

2. 算法能增强体系对抗能力

在指挥体系不断进化的同时，体系对抗已经从信息主导向算法决胜迈进。未来战争毫无疑问仍然是体系与体系的对抗，但对抗的主体已经发生转变，正在由过去的组织结构相对固定的作战体系转变为由一系列具有自学习、自进化能力的算法构成的智能化作战体系，算法设计得好、学习能力强、进化得快就意味着在认知水平、适应能力、对抗博弈等方面技高一筹，在体系对抗中更容易获得优势。

8.3　超前预置理念

超前预置，强调进行先验可行性研究或预实践，它是一种建立在用演绎推理来探索未来的哲学思维基础上跨学科的面向决策实践的方法，具有预测未知、超前决策的功能。

8.3.1　预置情景，框定未来

作战指挥决策是一种存在于认知中且尚未在现实中展开的实践活动，是对未来实践活动及其结果的观念创造，它必须从既有的客观条件和活动方式出发，来确定某一实践活动的现实可行性，预测未来实践收益的大小，以寻找和确定具体的、最优化的实践目标或方案。

预置情景是对抗状态下的作战模拟，是对战场上态势变化的推演。预置的情景想定不是预言某个情景一定会发生，而是提出系列情景集合，进而综合分析未来可能发生的事件。因为未来不能准确掌握，所以解决方法就是建立若干个情景想定，这些预置情景是对未来的一种“框定”的构想。每个情景想定模拟一种清晰的、接近合理的图层，还规定了不确定性边界，以及似乎合理的未来限制，推演过程和结果并非提前按“剧本”表演，而是完全由参与推演的人员在对抗中自发形成。

预置情景能够使决策主体打开关于未来可能性的思路。预置情景不是确定性地预见未来，而是在过程中提供启发式环境，辅助创新性思维产生，预见未来或框定未来。作战指挥决策是真实作战对抗过程在决策主体思维中的提前勾画，是对敌方可能行动的预测和己方有针对性地行动指导。决策方案是否可行，实施效果能否达到预期，需要进行科学验证，而战争的暴力性和不可重复性使得在现实中检验战争的成本极高且不容试错，因此，无论是从古代战阵式推演到沙盘推演，还是现代兵棋推演以及计算机模拟对抗演习，都是人类利用作战模拟进行决策分析的一种方法。通过预置情景进行推演的价值就在于为决策者提供一个通过预实践来发现问题、修正策略的重要途径，它可重复、可试错、可调整。

预置情景具有很强的可行性和实际意义。在人工智能、可视化、虚拟现实等技术的支撑下，可以综合运用建模、仿真等技术和军事演习、作战概念验证等应用场景，在设计好的想定情景中，通过角色扮演，推动作战进程发展，观察作战态势变化，机动灵活地塑造有利态势和调整行动策略。利用虚拟与现实的平行交互，可以将情景设计得更具体、精确、符合实际，从而拉近预实践与实践的距离，使推演结果效用值更高。

8.3.2 预置视阈，瞄定熵减

超前预置决策的目的是通过构建一系列、多组合的情景，来应对日益复杂的战场情况变化，让决策主体先敌一步做出有系统规划的灵敏反应，或者更形象地讲，就是为了让决策主体对最担心、最重要的情况进行预判，让决策主体对“最坏”或“风险最高”的方案进行系统性应对，并提前做出妥善的反应，做到“一切尽在掌握之中”。

超前预置决策情景是为了确定不确定性区域的边界，构建情景时要尽可能地覆盖各种可能的情况变化和关键性条件，从而使决策视阈覆盖绝大部分不确定性情况，并对不确定性极高的情形提前做出应对方案。构建的情景既要有指导性、适应性，也要体现一定的差异性。一般来说，应满足以下标准：第一，可信适度。即构建的情景具有一定符合度，不能脱离实际或偏离实际太远，要使作战行动发展过程符合预期，合情合理。第二，结构不同。通过多样化的组合使情景结构的形式、内容表现出一定的差异性，甚至一些重要因素的变化轨迹要结构迥异，既关注最极端可能情况也不忽视其他可能情况。第三，内在一致性。每个情景内部结构必须自洽，能够反映敌情、我情、战场环境变化的因果逻辑，同时反映出方案内部逻辑与组织协调性。第四，视阈开阔。构建的情景必须拓宽决策主体对未来变化的多种可能性的扫描范围，使决策主体的思维视野更加开阔。

情景的产生不能依靠概率判断，而是要经过对情况变化进行严格地推理研判后得到的方案集合。从信息论的角度来说，随着有价值的信息不断输入，决策主体对一些影响作战进程的驱动因素、重要力量等关键条件掌握得更加清晰、准确。决策视阈有效覆盖率的提高，必然带来决策系统的熵减，使决策效能更好。

8.3.3　预置方案，未雨绸缪

在传统的作战筹划过程中，一方面，在确定作战构想时，布局、控局、收局的关键节点如何确定，在拟制作战方案时，方案可执行度往往受限于指挥员的视野、对态势的认知程度、指挥员个人指挥风格和心理因素，对任务部队能否完全有能力执行作战方案与作战计划，对是否能够达成作战效果或达到指挥员满意度的程度，缺乏有机的、准确灵活的互动。另一方面，决策信息的收集和酝酿往往是自下而上的，决策产品的传递是自上而下的，都属于信息的单向传递，决策主体缺乏与决策对象的有效互动。

美国学者马克·赫尔曼曾提出这样一个问题："如果你是决策者，假如有一架望远镜，可以在造成无法挽回的后果之前、在付出血的代价或者遭受巨大资产损失之前，观察到行动实施的后果，无论组织或者机构的规模大小，也不论是战争还是非战争事态，这样的望远镜，你不需要吗？"[92]答案当然是："需要。"可以说，利用人工智能技术进行决策推演就是决策者的"望远镜"。融入人工智能的决策推演是一种超前的、多要素、多线程、多角度的推演。在决策推演过程中，依托智能算法进行决策分析，不但可以提前精细化掌握决策系统的协作需求，还能根据决策目标需求列出决策系统各个要素的作用选项，实时动态调整智能算法的变量及参数，以最快的速度求解问题答案，实现"两个充分"：第一，充分发挥智能系统的自洽性、自组织性和自适应性，更加突出决策系统内部交互关系以及敌我交互关系，避免单一思维和镜像思维；第二，充分调动各个决策要素的势能、智能，打破要素藩篱，高度整合信息、决策、执行等要素，促进 OODA 环快速螺旋循环。

超前推演等于超前决策，有利于从全面、客观的角度审视敌我态势的可能变化，做出客观的趋势分析，超前准备应对方案，建立分门别类的"锦囊"和方案储备库，必要时直接调取直接使用。例如，利用智能辅助决策系统建立决策情景集 $S=\left\{s_j \mid j=1,2,\cdots,m\right\}$，决策方案集 $D=\left\{d_i \mid i=1,2,\cdots,n\right\}$，决策效用集 $U=\left\{u_{ij} \mid i=1,2,\cdots,n;\ j=1,2,\cdots,m\right\}$，其中，$u_{ij}$ 表示决策方案 d_i 在情景 s_j 下的效用值。只要在给定的确定或近似的情景下，就可以瞬间检索出对应的决策方案及效用值。如此一来，一方面，可以使决策主体从紧张激烈的 OODA 环对抗中解脱出来，从回路中跳到回路外，降低指挥员的主观影响和理性压力。另一方面，拟制方案与评估方案同步展开，大大缩短了决策的流程和时间，提高决策的时效性和科学性。

8.4 灰度弹性理念

灰度决策是一种基于客观实际，从人本出发，将现实情况与人文主义相结合的思考方式，是置身于合理情境，采取协同策略，尝试从不同观点检验问题且最终决断的解决途径。哈佛商学院教授巴达拉克认为，灰度问题是指那些困难、复杂、极度不确定又利益攸关的问题。[93]对于战场上的不确定性问题，最科学的方法不是“消除掉”它，而是用灰度思维去“平衡掉”它。因此，作战指挥决策中的“灰度”是一种倾向、一种态度、一种思维习惯和一种隐形的世界观与方法论。

8.4.1 灰度弹性决策理念的有效性机理

灰度是事物存在的一种状态，也是事物发展的一种结果。从发展和变化的视角看，在实现预期目标的执行过程中虽然方向是坚定不移的，但思考、反应和做决策的过程是曲线而非直线的，在过程中多进行辩证分析和随机调整才能做出正确的决策。

智能化战争中充斥着永远被低估的不确定性，既无法准确预测也很难控制。战场上许多情况，就像一个从弹球机飞出的小球，不可预测地乱弹，随时随地都可能触发其他的事件，人们很难知道它会在什么时候停止或在哪里停下。很多原本可以达成的目标，在复杂的情况下慢慢偏离预定的方向，被很多小因素所影响。无论是重大的战略决策还是一次战斗决策，那些无意的、次要的结果通常会大于我们想要的结果，著名的社会学家罗伯特·莫顿把这一类现象归纳为“莫顿定律”。因此，从实用主义角度考虑，作为决策主体，不仅要形成作战方案，还要关注方案如何落地。也就是说，决策要保持高度的灵活性，方案要有可行性、弹性和韧性。

灰度思维的前提是时刻怀着开放的心态动态地去认知事物，永远做好接纳各种不确定因素的准备。法国军事战略家安德烈·博福尔将军指出，战略的本质是保护和增加行动的自由度。[94]决策者要善于从不确定性中识别和分离确定性，在不确定性中给出确定性判断，尤其是在资源或信息有限的情况下所做的模糊性判断，是保护和增加任务部队行动自由、引领作战态势发展走出混沌的根本保证。

1．克服禀赋效应，确保决策目标客观

决策心理学研究表明，人类在做决策时，头脑中会有两种基本体系：一种是根据事实、事件构成以及事态发展有关的、有意识的、分析性的理性体系；另一种则是存在于人类天性中惯性的、凭直觉的下意识体系。在面对灰度挑战时，后一种体系往往会主导前一种体系。然而，决策者基于直觉和经验产生的答案一旦形成，就会产生“禀赋效应”（禀赋效应是由经济学家理查德·塞勒在 1980 年提出的理论，指当个人一旦拥有某个物品或某种想法后，对该物品或想法价值的评价要比未拥有之前大大增加）阻力，使决策者对初步形成的方案给予过高的评价，导致人们在决策过程中对利害的权衡失真，对“避害”的考虑大于对“趋利”的考虑，使决策失去理性。

决策目标的设定是科学决策的前奏，从源头上决定着整个决策活动是否正确，因此，决策目标必须明确、具体、切合实际。如果目标不明确，作战指挥决策就会失去方向，造成无效决策、无功决策；如果目标不正确，就会导致作战方案出现根本性偏差，进而使作战行动背离预期甚至陷入被动。粟裕将军曾指出：“查明了与作战有关的政治、军事、经济等各方面情况和地形条件，查明了敌人的兵力、部署、企图，了解了它的长处和弱点，再联系我军的各种因素，经过综合研究、分析判断，就可以较有把握地定下打与不打、打谁、何时打、怎么打的战斗、战役决心，定下了正确的战斗、战役决心，还要制定出相应的作战方案。”[95]现代战争的智能化特征表明，作战体系覆盖面广，作战力量模态混杂，作战手段变换频繁，作战时空域虚实交错，使作战进程时时处处笼罩在“迷雾”之中。因此，在态势变化与发展模糊不清的情况下，决策者就处在灰度的范畴里，必须辩证地处理主要矛盾与次要矛盾、当前的目标和之后的目标、原定的计划与临机的决断之间的关系，使作战方案、作战样式、作战阶段、具体战法与作战目标有机统一起来。

2. 融合人机手段，确保决策过程正确

美军在提出“算法战”概念时，将其价值定位在两类结果上[96]：第一类是“更好地做事”，即将人工智能算法嵌入作战网络，赋能情侦、指挥和行动各个要素和 OODA 回路，先于对手建立精确的战场空间图像，及时、有针对性地做出决策，获得重要的、决定性的战役和战术级作战优势；第二类是“做更好的事”，即使用智能机器发动“超级战争”，通过分布式部署、机器速度、可编程自主集群等算法主导的应用，塑造全新的作战力量，以人在回路外的方式颠覆战争模式。从工程学角度来讲，无论是“更好地做事”还是“做更好的事”，所指向的根本是怎么样解决问题，用正确的方式做事通常是做正确的事最好和唯一的方法。恪守这一原则，能够克服个人独断主义、直觉与经验带来的不利影响，转而聚焦过程，通过和团队一起全面、客观地思考影响战场态势变化的各种因素，通过人类的策略指导与机器的分析预测相互比对，将冲动与风险降到最低。

聚焦过程是灰度思维的要领之一，也是解决灰度问题的关键。当我们无法确定所做的决定是否正确的时候，只有以正确的方式解决问题，正确组织决策活动，才有可能生成正确的决策结果。聚焦过程不是呆板地按照流程或图表组织枯燥乏味的形式主义，而是通过有效的组织和管理确定重要事实，进行合理化研判，在接受复杂性的前提下，让做决策变得简单，也能够让决策做得更好。

3. 衡量利害关系，确保决策结果最优

现代战争的关联因素越来越多，使用作战力量、调控作战规模、变幻作战时空等诸多行动之间联系越来越复杂、越来越紧密，往往一个问题的出现总是伴随多个因素或变量，把决策主体关心的所有因素和影响程度掌握齐全远比想象的困难，很多时候只能在部分信息精确、

部分信息模糊的“灰色”状况下进行决策。而决策时机就像夜空中的流星稍纵即逝，决策者必须当机立断，要善于“两利相衡取其重，两害相权取其轻”，切不可一味强求最优方案，贻误决策时机。一方面，要善于运用比较方法衡量各个方案的长短，趋利避害；另一方面，要善于用综合的尺度衡量决策的整体效能，切不可偏面追求正确性、时效性、稳定性其中之一。如果决策结果符合作战全局利益，决策目标、决策手段、决策方案都可以适度放开，灰度就是允许打破常规，允许小范围试错。

在作战指挥决策中，人们期望的不仅是能成立的方案，还须是效能最佳的方案。对一个决策方案来说，首先是可以实现决策目标，但同样可以成立的方案，还有优劣之分，有的方案投入代价少，时间短，效用大，实现目标的可靠程度高，有的方案则不然。此外，当既定方案的实施条件不成熟时，需要临机调整方案，从备选方案中选择替代方案。

第一，拟制多套作战方案，以便择优而从。“多案择优”需要缜密分析敌人可能采取的各种行动，准备好各种应变计划与措施。在著名的黄桥决战、车桥战役、天目山反顽战役中，粟裕均准备了三个方案，豫东战役前，粟裕组织华野司令部拟制了五个作战方案。

第二，留有“备案”，以便临机做出决断。所谓“备案”是指没有上报下达的、仅在决策者头脑中酝酿的一种作战预案。[97]在 1948 年的豫东战役中，粟裕发现原作战计划中歼敌新五军的条件尚未成熟，他当即决定不必完全依照原定作战计划行事，遂将自己反复思考的“备案”提出，并请前委同志讨论，最终形成了一个完全出敌不意且有把握取胜的作战方案。

第三，动态调整，以便灵活应对突发情况。调整方案不是对原来方案的否定，而是在预料之外的突发情况下，对原方案的补充和修正，以便更好地利用当下资源解决当下问题。

8.4.2　运用灰度弹性理念决策的有效方法

一个清晰的方向和目标往往产生于混沌，自灰度中脱颖而出，随时间与空间而变，它常常会变得不清晰，并不是非白即黑、非此即彼。当决策主体处于灰度之中时，通常会有两种困惑：如果过于草率，反应太快，往往会表现失常而导致决策失误，后果十分严重；如果过于谨慎，反应迟缓，则容易迷失在复杂的不确定情况中，或被其麻痹停滞不前。未来介入战争的因素远比以往的战争要多得多，各种因素的铰合及其对战争的影响将前所未有，以至于每一个环节的失控，都有可能像丢掉一只马蹄钉那样丢掉整个战争。

1. 以平衡为前提的模糊策略

模糊是人类感知万物、获取知识、推理思维、实施决策的重要特征。模糊策略是一种高级的决策方法，是现代战争作战指挥决策的常用手段之一。在军事上，利用策略上的模糊构建某种微妙平衡，由此带来的不确定性让对手有所忌惮或顾忌。特定条件下的模糊策略通常将不跨越战争门槛作为优先选择，或采用慑战并举的办法达成遏制战争的目的。模糊决策是以平衡为前提的创造性决策，需要决策者具有高度的综合性、复杂性、灵活性和随机性，在实际把握和运用中往往使决策主体感觉难度很大，难以达到真正的平衡。俄军提出的“混合战争”概念就是建立在模糊控制理论和有限战争理论基础上的一种新的战争样式，如图 8.1 所示，它“继承”了有限战争理性与克制的特点，强调灵活运用多种手段在有限中寻求超越。

2. 面向动态系统的探索式决策

探索式决策是面向动态系统的决策方法。在指挥战争的过程中，由于时间、信息、技术手段及价值观等因素的制约，采取稳中求变、积小变为大变、以量变导致质变的探索式决策方式，具有稳定性、连续性和递进性的突出优点，比采取剧变的激进决策更安全、有效、容易控制。所谓“探索性”就是跟踪作战态势变化，及时搜集挖掘有效决策信息，在不断探索性分析和处置中逐渐降级已方所处的灰度空间，达成战略上的突破和战术上的创新。探索性分析对于决策主体解决作战进程中的动态决策问题和提高决策弹性十分重要。

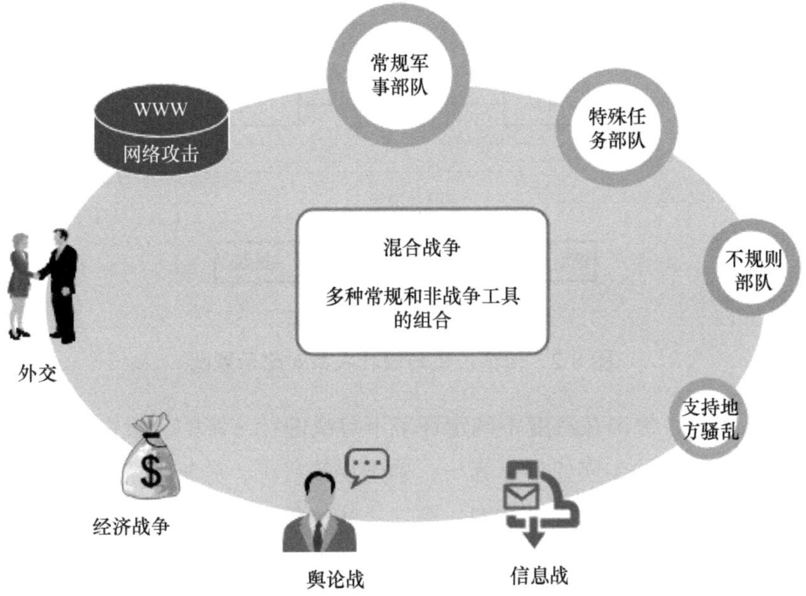

图 8.1　俄军提出的“混合战争”概念

探索式决策的要领有两个。

第一，确立有限目标。确立有限目标的原则是目标永远小于手段，有限才有明确性，才有现实性，也才会有可操作性。普通寓于特殊，规律寓于具体，此处寓于彼处，将来寓于现在，在把握有关信息的基础上，对未来可能出现的问题和发展趋向做出正确的预测，这样才能保证决策方案的正确性和决策行动的主动性。

第二，渐进调整。在决策过程中，运用渐进调整的模式，保持政策的连续性和继承性，也是一条可供选择的理性思路。

3．注重系统稳健性的健壮决策

健壮性是衡量系统稳健性的指标，即用来描述在异常和危险情况下的系统生存能力，系统控制论中将其描述为“在一定的参数摄动下，维持系统性能的特性”。健壮决策是一种反复分析的处理过程，在决策过程中追求在尽量大的想定空间范围内执行并保证方案的健壮性，如图 8.2 所示。

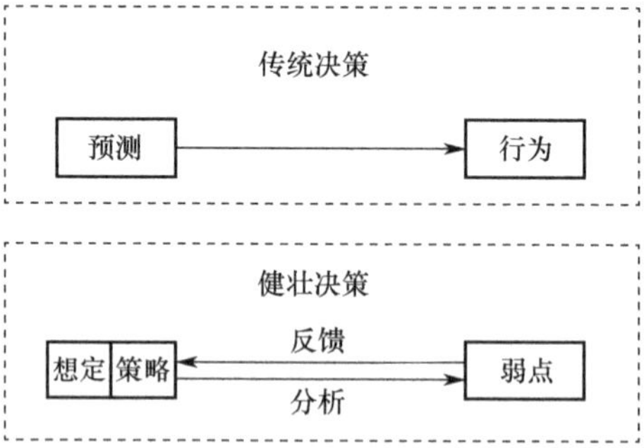

图 8.2　传统决策与健壮决策对比示意图

Lempert 提出在深度不确定环境下寻找健壮方案的一般性方法。[98]这种方法的具体步骤如下：第一，确定决策目标，分析不确定环境，并据此给出一系列初始决策方案；第二，从决策方案中选出有效可行的方案作为备选方案，并根据不确定性分析规划未来情景；第三；分析每一种备选方案在不同情景中的表现；第四，评估各方案及表现，识别出各方案的缺陷并进行改进；第五，对方案进行分析评估，如果能找到满意的健壮方案，则结束，否则继续；第六，将改进后的方案加入备选方案，替换原有方案，然后转至步骤三（见图 8.3）。

健壮决策与传统决策相比较，其优点表现在：

第一，方案出发点不同。传统决策方法是从基础事实出发，计算每种方案的收益大小并确定最终方案；健壮决策方法是从不确定性出发，分析在各种情景下每种有效方案的执行结果，并寻找缺陷加以改进，最终得到在大多数情景或情景概率最大时的满意方案。

第二，对不确定性的分析方式不同。传统决策的想定情景是通过特征化描述生成的，健壮决策的想定情景是根据对不确定环境的分析生成的。前者是粗糙的、静态的、不完备的，后者是精细的、动态的、完备的。

第三，方案评价标准不同。传统方法是从某种想定情景下的最优方案，而健壮决策是在尽可能完备的情景集合中分析各有效方案的执行效果，从而选取能适应不同情景、对不确定性不敏感的满意解。

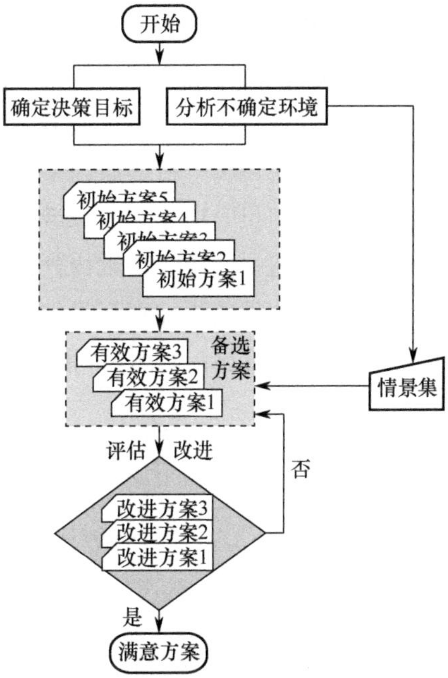

图 8.3　健壮决策一般步骤图

智能化作战有着很强的不确定性，从积极的意义上讲，健壮决策方法将决策目标与不确定性紧密联系起来作为决策活动的起点，将思维活动程序化，不仅有利于解决带有重复性和普遍性的问题，还有利于解决带有动态性和实时性的问题。健壮决策能够实时记录和利用已知的态势信息，修改情景集和有效方案集，可进行不确定性评估所需的敏感性测试，帮助决策者突破仅仅依靠有限经验的固定逻辑思维，大幅提高决策的时效性和准确性。健壮决策同样有着基于规则的程序，它们主要的表达格式类似于“如果（情况）—那么（决定. 判断或行动）—不然（另一方案）”的模式：如果发生 X 情况，那么将会产生 Y 决定，判断或者行动，不然会产生 Z 情况。由于健壮决策方法能把构想的情况明确清楚地描述出来，并且能明确定义出“起因和结果”，其产生的结果也能复制，所以，健壮决策在未来可以被广泛应用到作战方案评估中。

4. 分布式推理的决策树分析

决策树分析提供了一种在深度不确定环境下处理决策问题的结构化新框架，其核心是构建决策问题面临的各种可能情景，并运用多属性信息进行决策分析和方案评估。决策树分析的原理是对属性不同的变量的不同状态进行深层次分析，利用贝叶斯定理计算后验概率，并据此修正先验概率得出不同方案的效用值。因此，决策树分析决策方法包含了更多可能的情景空间，决策过程体现的更加直观具体，层次清晰，易于理解，决策分析结果的准确性更加可靠，如图 8.4 所示。

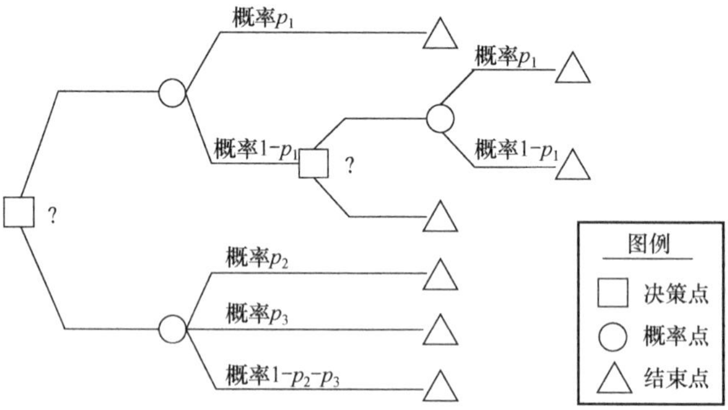

图 8.4 决策树示意图

决策树采取分布式推理的模式，即将一个整体决策问题分解为一组子问题，再分别对每一个子问题进行分析处理。不同子问题可以根据所掌握的随机信息而采用不同推理规则，分析推理出决策问题面临的各种可能性，分别计算每种可能情况下不同决策方案的效用值，供决策者衡量选择。

决策树所展示的是在一项决策中不同的可能性，它能够使决策者在没有进一步分析的情况下找到解决问题的方法，或者在安排一系列事件后，达到自己的目标，但没有提供不确定性和决策之间相互关系和影响的因果关系。[99]决策树有正向和反向的区别，这意味着在严格不确定性的情况下，可以根据信息驱动来预测敌方所有可能采取的行动，并制定相应的方案，变不确定性为确定。同样，我方也可以利用目标驱动来制造多种不确定情况来干扰迷惑敌方，使其无法做出正确决策，变确定性为不确定。

决策树决策分析方法具有很强的结构化、层次化、规则化特征，不但能统观决策过程的全局，而且能在此基础上对决策过程进行合理分析、计算和比较，从而做出正确的决策。因此，这种决策分析方法十分适用于匹配学习型算法的机器智能，结合云存储和云计算，不仅可以在修正先验概率的基础上进行全数据的可能性搜索，同时也可设计出最大可能的情景类型空间，化被动为主动，使我们不但拥有选择行动的自由，并且拥有选择行动后果的自由。在未来智能化作战和智能化作战指挥决策中，这一方法将具有十分独特的优势。

本章小结

亚伯拉罕·林肯曾经说过："过去的那些信条不适用……所以我们必须以新的方式思考和行动。" 本章提出了塑造智能化作战指挥决策思维的创新性观点，并尝试以新思维代替旧思维。实际上，如果说在作战指挥发展史和普遍的人类思维中存在着一个阻碍进步的障碍，那就是对于过去以及现在的观念的愚忠，推广运用任何一项新的科学技术，都不可避免会产生超出常规或人类直接感官的体验，无论是决策实践艺术还是决策科学研究，任何革新和开拓都不会轻松获得成功，追逐理论与实践合谐的每一步都需要反复打磨，通过思考来塑造，通过探索来发现。

第9章

总结与展望

9.1 本书主要结论

随着人工智能科技的发展，智能向外辐射的领域不断扩张，作战指挥决策也深深地打上了智能时代的烙印，人类智慧与机器智能的差异在暴露出自身局限性的同时也进行了融合与互补。人工智能技术渗透于当代以及未来社会的各个领域，影响着当代以及未来社会的人，也在重新塑造着人类指导战争的思维方式。本书正是本着辩证联系的原则，依据对智能化作战指挥决策的科学理解展开分层递进研究。归纳起来，本书主要结论如下。

第一，在技术发展上，作战指挥决策智能化的技术基础已经形成。现已遍布陆、海、空、天、电等多维空间的无人自主武器系统或武器平台已经向世人昭示了人工智能未来发展的趋势，智能化战争、智能化作战指挥决策的大幕已经徐徐拉开，以数据、算法、算力为主体的人工智能“三驾马车”推动指挥决策从初始的“+智能”向“智能+”稳步开进，人工智能正在抒写作战指挥决策领域的新篇章。

第二，在系统机理上，智能化作战指挥决策的制胜机理已经重构。指挥决策系统的结构、要素、形态以及作用方式都在发生演变，指挥决策要素的跃迁、系统内在运行机理的嬗变、外化的战术创新将作战指挥决策理论和实践推向了一个新高度，人工智能所引发的作战指挥决策制胜机理无疑成为作战指挥决策理论关注的新焦点。

第三，在运行机制上，“人脑+机脑”组合催生作战指挥决策模式变革。未来战争的非线性、多域性、超限性促使指挥决策的运行机制由单纯定性向定性与定量相结合转变，由依赖直觉经验决策向科学理性决策转变，由指挥员决断或“指挥员+参谋机关”的传统决策模式向无人自主、人在环外的智能化作战指挥决策模式转变，传统的依靠人脑决策逐步让位于人机互信、算法主导、自主智控的“人脑+机脑”决策。

第四，在组织流程上，融入人工智能的作战指挥决策流程得到深度优化。由于智能因子深度影响智能化作战指挥决策“四要素”之中，使智能化作战指挥决策基本流程既遵循一般性科学决策流程，又具有不同于其他作战指挥决策流程的个性特色。以数据、算法、算力为驱动力量的人机融合式决策，从根本上改变和优化了传统作战指挥决策流程，并因此大大提升了作战指挥决策效能。

第五，在思维理念上，全新决策认知引领作战指挥决策向科学高效转型。与以往可见的、有形的时空对抗不同，未来战争除了在物理域、信息域、虚拟域之外又开辟了认知域的新战场。“制智权”战争观已经决定了作战指挥决策理念必须向超前、精准、高效转型，只有占据了“智慧高地”，树立具有智能化特色的指挥决策理念，驾驭战争的指挥决策技术与艺术之树才能永葆常青。

9.2 本书主要创新点

决策体现了人类的优越地位和思维水平，指挥决策堪称作战中最复杂、最高级的活动，包含着许多矛盾问题，处在信息化向智能化交替的时代关口，作战指挥决策能否冲破藩篱、革旧鼎新是学术研究尤其是基础理论研究的至高追求。为此，本书以“智能化战争”为背景，以“智能化作战指挥决策”为切入点，沿着智能化作战指挥决策“是什么—为什么—怎么办”这一主线，对智能化作战指挥决策的典型特征、要素结构、运行机理、基本流程、基本方法、全新理念进行了基础性、探索性、独创性研究。

本书的主要创新点包括以下四个方面。

一是运用系统论方法剖析了智能化作战指挥决策要素结构。本书以系统论为依据，建立了决策主体、决策对象、决策信息、决策机制的指挥决策“四要素”结构，并深入分析了在人工智能技术的推动影响下，指挥决策系统各要素发生的“智能化”嬗变。

二是基于 SD 理论深刻揭示了智能化作战指挥决策系统运行机理。通过严密的论证与分析，确定智能化作战指挥决策系统模型的评价指标体系，构建智能化作战指挥决策系统 SD 模型，运用 Vensim 软件对该模型进行仿真，根据分析仿真结果论述智能因子在智能化作战指挥决策系统中的重要作用。本书构建模型和解析模型不仅是为了揭示智能化作战指挥决策系统运行机理，也是从系统视角分析智能化指挥决策制胜机理。

三是探索设计了智能化作战指挥决策基本流程。结合智能化作战指挥决策的典型特征，设计了智谋一体确定决策目标、智能关联研判“三情”、自主生成图文无缝转换的作战方案、虚实平行评估优化方案的智能化作战指挥决策基本流程，并深入探讨了实施智能化作战指挥决策基本流程的具体方法。

四是创新性提出了智能化作战指挥决策理念。瞄准打赢未来智能化战争的总要求，立足于引导指挥决策向科学化、精细化、超前化、弹性化发展的长远目标，提出了数据为本、人机互信、算法主导、超前预置、灰度弹性的决策理念，以期指导和加速指挥决策向智能化迈进，并在未来战场上落地生根。

9.3 尚待研究的问题

智能化作战指挥决策是一个具有较强抽象性、前瞻性色彩的基础理论研究课题，涉及技术、战术与艺术诸多方面内容，既有理论思维层面的，也有实践操作层面的。虽然本人撰写本书经历了三年的不懈努力，得到了导师的启发与指导，吸收了学科专家组的建设性意见，但在本书研究框架之外，仍有一些尚在思考的问题和后续待完成的任务。

一是进一步使智能化作战指挥决策理论体系更加完备。本书就作战指挥决策智能化的产生历史动因、运行机理、决策流程、决策范式、决策思维等内容做了阐述，但作战指挥决策理论博大精深，智能化发展日新月异，作战指挥决策理论的成熟需要在思维、理论、方法等各个方面支撑和验证。因此，智能化作战指挥决策理论的完备性和适用性需要系统地、深入地推进和改进。

二是进一步使智能化作战指挥决策理论内容具体细化。开展深入的理论研究是为了使理论最终成熟，基础理论向下延伸的具体程度和细化程度决定了理论能否成熟。在执行层面上，作战指挥决策分为理解任务、判断情况、拟制方案、评估方案、优选方案等分阶段活动，每一个阶段、每一个步骤又都包含若干具体活动分工。智能系统的负载设计、人机融合的运行机制、作战指挥决策的操作方法等都直接决定着决策效能的优劣，以上诸多问题的可行性和操作性均有待测试和评估。

学术升降，代有沉浮。好的理论应该是活的理论，即能够自证并经得起质疑，也应该可以在不同的时间、空间灵活地移用。毛泽东在《中国革命战争的战略问题》一文中告诉我们："一切战争指导规律，依照历史的发展而发展，依照战争的发展而发展，一成不变的东西是没有的。"因此，我们追求主观和客观、理论和实践、知和行的具体的统一，从而真正实现由"此岸"到达"彼岸"。

参考文献

[1] 胡鞍钢，周绍杰，鄢一龙，等. “十四五”大战略与 2035 远景[M]. 北京：东方出版社，2020.

[2] 曾祥宾，许三飞. 推进军队组织形态现代化的原则有哪些[N]. 解放军报，2020-07-09（7）.

[3] 贝尔纳·斯蒂格勒. 技术与时间：爱比米修斯的过失[M]. 南京：译林出版社，2019.

[4] 杰弗里·J.史密斯. 白头鹰的蜕变：美国空军战略文化变迁[M]. 北京：机械工业出版社，2016.

[5] 习近平. 在庆祝中国共产党成立 100 周年大会上的讲话[N]. 人民日报，2021-07-02（2）.

[6] 刘建生. 韩非子精解[M]. 北京：海潮文艺出版社，2012.

[7] 刘庆. 鬼谷子与鬼谷文化[J]. 军事历史，2013（5）：34-35.

[8] 海华. 六韬·鬼谷子[M]. 长沙：湖南文艺出版社，2011.

[9] 范庭僚，董立民.孙子兵法与决策[M]. 郑州：中州古籍出版社，1992.

[10] 王可峰. 孙子兵法新解[M]. 北京：民主与建设出版社，2018.

[11] 张慎趋. 新中国成立后《毛泽东选集》出版概况[J]. 党政论坛，2009（24）：17.

[12] 军事科学院. 毛泽东军事文集（第一卷）[M]. 北京：军事科学出版社，1993.

[13] 中央文献编研组. 毛泽东选集（第一卷）[M]. 北京：人民出版社，1991.

[14] 中共中央文献研究室，中共湖南省委《毛泽东早期文稿》编辑组. 毛泽东早期文稿[M]. 长沙：湖南人民出版社，2020.

[15] 中央文献研究室. 毛泽东书信选集[M]. 北京：中央文献出版社，2003.

[16] 赫伯特・A.西蒙. 管理行为[M]. 詹正茂，译. 北京：机械工业出版社，2004.

[17] 赫伯特・A.西蒙. 现代决策理论的基石[M]. 杨砾，徐立，译. 北京：北京经济学院出版社，1989.

[18] 弗兰斯・P. 奥辛格. 科学・战略・战争——约翰・博伊德的战略理论[M]. 杨斌，姚云竹，译. 北京：军事科学出版社，2009.

[19] YAKOV B.H. Dealing with Uncertainty in Strategic Decision-making[J]. The US Army War College Quarterly Parameters, 2015，45(3): 63-73.

[20] 王飞跃. 复杂化与智能化：从 Church-Turning Thesis 到 AlphaGo Thesis 及其展望[J]. 指挥与控制学报，2016，2（1）：65-67.

[21] 朱丰，胡晓峰，等. 从态势认知走向态势智能认知[J]. 系统仿真学报，2018，30（3）：47-49.

[22] 孙儒凌. 作战指挥基础概论[M]. 北京：国防大学出版社，2011.

[23] 特里・平卡德. 黑格尔传[M]. 北京：商务印书馆，2015.

[24] 彭加勒. 科学与假设[M]. 北京：商务印书馆，2021.

[25] 范进发. 作战决策概论[M]. 北京：国防大学出版社，2011.

[26] 于长海. 军事系统决策研究[M]. 北京：军事科学出版社，1994.

[27] 乔良，王湘穗. 越限战与反超限战[M]. 武汉：长江文艺出版社，2016.

[28] 军事科学院. 马克斯恩格斯军事文集（第五卷）[M]. 北京：战士出版社，1981.

[29] 杨洋. 信息化战场作战指挥不确定性研究[D]. 南京：陆军指挥学院，2020.

[30] 李皓昱. 美国陆军人工智能创新院为多域作战提供支持[EB/OL]. [2020-10-13]. http://mp.weixin.qq.com/s/fErPdH5UUsvXDDQ8MiAePw.

[31] 温冰，鲍培文，等. 基于博弈论的军事行为对策研究[M]. 北京：国防大学出版社，2015.

[32] Summary of the 2018 Department of Defense Artificial Intelligence Strategy: Harnessing AI to Advance Our Security and Prosperity[EB/OL]. [2019-02-12]. https://www.defense.gov.

[33] 李皓昱. 美国陆军人工智能创新院为多域作战提供支持[EB/OL].“防务快讯”公众号，2020-10-13.

[34] 张梦湉. 多域作战决策[EB/OL]. [2021-03-23]. http://mp.weixin.qq.com/s/PX3WOpg6wPli0DQKAot3cA.

[35]李学明. 美陆军人工智能系统在杀伤网构建中发挥的作用[EB/OL]. [2021-12-28]. http://mp.weixin.qq.com/s/USEdLHP-RiorfXwJP0JX9Q.
[36] 决策中心战：美国新一代作战理论及其装备发展思路[EB/OL]. [2020-05-22]. http://m/toutiao.com/is/emkebqL.
[37] 徐翀. 聚焦俄军“战争之屋”[N]. 解放军报，2020-01-22（7）.
[38] 庄林，王树财. 俄军开拓人工智能“新边疆”[N]. 解放军报，2019-04-25（11）.
[39] 知远战略与防备研究所. 竞争时代的英国国防及新印太战略[M]. 北京：国防工业出版社，2021.
[40] 习近平. 加强领导做好规划明确任务夯实基础，推动我国新一代人工智能健康发展[N]. 人民日报，2018-11-01.
[41] 日媒：中国人工智能武器已走在世界前列，具备未来战争优势[N]. 参考消息，2018-04-19.
[42] 安小兰. 荀子[M]. 北京：中华书局，2017.
[43] 钟义信. 机制主义人工智能理论[M]. 北京：北京邮电大学出版社，2021.
[44] 钟义信. 人工智能原理：观念·方法·模型·理论经[M]. 北京：科学出版社，2014.
[45] 雷·库兹韦尔. 机器之心[M]. 北京：中信出版社，2016.
[46] 国防军工产业研究中心. 美国军事领域人工智能技术发展与应用调研报告[R]. 2021-01-07.
[47] 王凤春，姚小锴. 透视新一轮巴以冲突中的舆论战[N]. 解放军报，2021-06-10（11）.
[48] 姚小锴，王凤春. “城墙守护者”行动的攻防之道[N]. 解放军报，2021-06-10（11）.
[49] 王凤春. 关注智能化指挥决策新变化[N]. 解放军报，2022-01-06（7）.
[50] 钟信义. 机器知行学原理：信息—知识—智能转换与统一理论[M]. 北京：科学出版社，2007.
[51] 戴琼海. 人工智能——算法、算力、交互[EB/OL]. [2020-09-08]. http://mp.weixin.qq.com/s/5jD3vgFPZrae5R0-t17bAA.
[52] 克里斯托弗·斯坦纳. 算法帝国[M]. 北京：人民邮电出版社，2014.
[53] 王磊，王晓东. 机器学习算法导论[M]. 北京：清华大学出版社，2019.

[54] 魏雨虹. 解码人工智能根技术[J]. 瞭望，2021（9）：21-23.
[55] 戴琼海. 人工智能——算法、算力、交互[EB/OL].“战略前沿技术”公众号，2020-09-08.
[56] 钱学森. 钱学森系统科学思想文选[M]. 北京：中国宇航出版社，2011.
[57] 姜鑫. 面向人因复杂性的军事对抗决策分析、建模与应用研究[D]. 长沙：国防科技大学，2011.
[58] 韩云平. 决策认识论[M]. 北京：人民出版社，2013.
[59] 刘伟. 人机融合智能的现状与展望[J]. 国家治理，2019（4）：7-15.
[60] 张维明. 指挥与控制原理[M]. 北京：电子工业出版社，2021.
[61] 汪霜玲，金欣，王晓璇，等. 指挥信息系统智能化发展能力演化路线[J]. 指挥信息系统与技术，2019（3）：46-50.
[62] 胡晓峰，郭圣明，贺筱媛. 指挥信息系统的智能化挑战[J]. 指挥信息系统与技术，2016（3）：1-6.
[63] 刘翔宇，赵洪利，杨海涛. 作战方案评估方法综述[J]. 兵器装备工程学报，2018(8)：81.
[64] 温睿. 作战方案计划推演评估[M]. 北京：兵器工业出版社，2019.
[65] 史越东. 指挥决策学[M]. 北京：解放军出版社，2005.
[66] 于长海. 军事系统决策研究[M]. 北京：军事科学出版社，1994.
[67] 黄金才. 指挥控制辅助决策方法[M]. 长沙：国防科技大学出版社，2013.
[68] 冯·贝塔朗菲. 一般系统论基础、发展与应用[M]. 北京：清华大学出版社，1987.
[69] 苗东升. 系统科学精要[M]. 北京：中国人民大学出版社，2006.
[70] 中国社会科学院语言研究所. 现代汉语词典[M]. 6 版. 北京：商务印书馆，2012.
[71] 黄建明，邓昭，刘奎. 智能化作战指挥初探[J]. 中国军事科学，2020（6）：111.
[72] 况腊生. 叙利亚战争沉思录[M]. 北京：人民出版社，2018.
[73] 王其藩. 高级系统动力学[M]. 北京：清华大学出版社，1995.
[74] 史越东. 指挥决策定量分析[M]. 北京：海潮出版社，2008.
[75] 美军高层深入阐述“融合项目”[EB/OL].“战略前沿技术”公众号，

2021-11-29.
[76] 肖显社，王益民，刘继贤. 军事预测学[M]. 北京：国防大学出版社，1990.
[77] 陶九阳，吴琳，王驰，等. 基于深度学习的战场态势变化速度预测模型[J]. 系统仿真学报，2018（3）：785-792.
[78] 姚蔚然. 多无人机信息强耦合任务规划方法研究[R]. 哈尔滨：哈尔滨工业大学，2020.
[79] 文永明，石晓荣，黄雪梅，等. 一种无人机集群对抗多耦合任务智能决策方法[J]. 宇航学报，2021（4）：80-85.
[80] 克劳塞维茨. 战争论[M]. 第一卷. 北京：解放军出版社，2004.
[81] 梁洪亮. 科技史与方法论[M]. 北京：清华大学出版社，2016.
[82] 张弘政. 从技术的二重性看技术异化的必然性与可控性[J]. 科学技术与辩证法，2000（5）：63-65.
[83] 杨飞龙,李始江. 认知战:主导智能时代的较量[N]. 解放军报,2020-03-19(7).
[84] 知远战略与防务研究所. 阿富汗战争的经验教训：战斗、情报、部队转型和国家建设[M]. 北京：国防工业出版社，2016.
[85] 陈学惠，姚云竹，徐义忠. 美军作战理论的新一轮创新[J]. 中国军事科学，2004（1）：137-143.
[86] 陈磊. 依托数字技术提高科学决策能力[N]. 学习时报，2020-11-13.
[87] 杨霄. 推演：让决策更具洞见[M]. 北京，机械工业出版社，2020.
[88] WOHLSTETTER R, PEARL HARBOR. Waring and Decision[M]. San Francisco: Stanford University Press，1962: 401.
[89] 中共中央马克思恩格斯列宁斯大林著作编译局. 马克思恩格斯选集（第4卷）[M]. 北京：人民出版社，2012.
[90] 胡晓峰. 战争科学论[M]. 北京，科学出版社，2018.
[91] 李璟. 战斗力解析[M]. 北京：国防大学出版社，2013.
[92] HERMAN M L，FROST M D. Wargaming for Leaders: Strategic Decision Making from the Battlefield to the Boardroom[M]. New York:McGraw-Hill Professional，2008.
[93] 小约瑟夫·巴达拉克. 灰度决策[M]. 唐伟，张鑫，译. 北京：机械工业出版社，2021.

[94] 伊夫・莫里欧，彼得・托尔曼. 黑白决策[M]. 李天骄，译. 北京：民主与建设出版社，2021.

[95]《粟裕军事文集》编辑组. 粟裕军事文集[M]. 北京：解放军出版社，1989.

[96] 陈健苹，薛晓芳，陈银娣. 算法战：将人工智能应用于战争[M]. 北京：国防工业出版社，2019.

[97] 寿晓松. 粟裕作战指挥艺术[M]. 北京：解放军出版社，1997.

[98] LEMPERT R J, GROVES D G, POPPER S W, et al. A General, Analytic Method for Generating Robust Strategies and Narrative Scenarios[J]. Menagement Science，2006，52(4)：514-528.

[99] FRENCH S, MAULE J, PAPAMICHAIL N. 决策分析[M]. 李华旸，译. 北京：清华大学出版社，2012.

反侵权盗版声明